「十二五」国家重点图书出版规划项目

中国建筑的魅力

叠合与融通

近世中西合璧建筑艺术

李海清　汪晓茜　著

中国建筑工业出版社

目 录

自 序

第三章　现代建筑+中国元素
　　　　以时代精神为基调的民族性表达

第四章　非专业的民间智慧
　　　　以中国文化为本的叠合途径

第五章　意义
　　　　"中西合璧"建筑的历史影响

自　序

在学术界有识之士已充分意识到"中国"与"西方"是"一个错误的二分法"的今天，再来谈论"中西合璧"，似乎有些不合时宜。但是，每逢日常生活遭遇中医与西医、中餐与西餐或者国画与西画之争时，我们似乎又能分明感知到这一文化差异的显著或潜在影响每时每刻的存在，并且深刻地干预了普通人的具体而微的生活细节。

从全球范围来看，由于16世纪以来现代民族国家的逐渐兴起，每一国族不可能再长期相对孤立地生存与发展。在越来越频繁的海上贸易活动牵引之下，中国的建筑文化随着葡萄牙人的东来而开始了局部的变化。这就是经常被提及的世界近代史、中国近代史以及中国近代建筑史在断代上的区别与联系。无论具体时间点如何划定，主要的影响最先由欧洲人（"西方人"）导入是可以肯定的，虽然经过以南亚、东南亚这些殖民事业扩展的中继站作为跳板：一种被调适之后的"西方"建筑文化，其最为显著者，即"外廊样式"。之后的数百年，由于世界历史演进的总体格局呈现出"现代化"之大势，而其主角又来自"现代化"的最初发祥地，即西欧和西北欧。因此，

这一意义上的"现代化"与"西化"几乎是同义词。出现了国际政治文化语境下的"中"、"西"或"东"、"西"概念之分野，乃至于后来的"中体西用"与"和魂洋才"，其中的内在关联也就不难理解了。有关于此，塞缪尔·亨廷顿的洞见可以从一个侧面反映其真相的存在："中国文明是世界上最古老的文明，中国人对其文明的独特性和成就亦有非常清楚的意识。中国学者因此十分自然地从文明的角度来思考问题，并且把世界看作是一个具有各种不同文明的，而且有时是相互竞争的文明的世界。"然而，有竞争就必须学习与合作。过去的600年，又是全球各主要文明之间相互交流、学习最为集中的时段，而且频度和深度逐次得到加强。随着现代民族国家的兴起和"想象的共同体"逐步被确立，这种基于利益导向的竞争与合作更是愈演愈烈，进而导致在全球范围内两度失控的乱局——20世纪终于发生了两场规模空前的世界大战。迄今为止，公理究竟是否能战胜强权仍旧有待回答。建筑文化的碰撞与交流正是在上述背景下展开，因而难逃干系。

我们步入中国近现代建筑历史与理论研究领

域，转眼已近20个春秋。这期间，关于建筑理论研究的潮流也经历了从建筑的形式解读、空间建构到建造分析的侧重点转换，但无论怎样向建筑的物质性和技术性开掘，还是无法绕开文化问题，因为技术本身正是文化的表征，基于文化环境熏陶所成就的观念系统正是解释建筑活动中众多"为什么"的关键门径。于是，这才有了2004年由东南大学出版社正式出版的《中国建筑现代转型》之肇端，以及其后的"中国近代建筑师职业制度研究"。最近的十年还借助实体建造的通道展开新的思考，而面对"二元工业化"的转型背景和"半工业化"的现实状况，顺理成章地再次上升至建构文化的讨论。

当此微妙转机，《叠合与融通——近世中西合璧建筑艺术》的魅力对于我们是不可阻挡的：传统的中国知识人，以儒家思想济世、道家思想养生、佛家思想养心，而且可以在同一个人身上并行不悖，这是一个思想、立场、方法高度整合的全活人，所谓"三教合一"。现在的问题是，济世这一部分过于庞大，而且在工具理性的片面诱导之下已堕落成为"精致的利己主义"。这正是我们希望通过回溯历史来思考和讨论的问题：我们的精华究竟何在？别人的价值又如何认知？未来的方向要怎样预判？

感谢中国建筑工业出版社方面的策划与陈薇教授的推荐，我们得以有机会对既往研究做了一番梳理和评析。撰写分工方面，李海清负责统编全书并写作第一、二、五章，汪晓茜负责写作第三、四章。期待诸方家批评指正。

李海清　汪晓茜
2014年7月于金陵

第一章　综述

近世中国建筑艺术视野下的"中西合璧"现象

1.1 "中西合璧"建筑艺术之范式

1.2 "中西合璧"建筑概览

龙年初春，乍暖还寒。由于中央政府严控房价的政策持续了一年多而毫不动摇，中国的建筑活动因房市的萧条而多少显得有些活力不足。正当此时，一件大事的突然发生似乎打破了这种沉闷：2012年2月29日，ABBS论坛援引英国广播公司（BBC）报道称，49岁的中国建筑师王澍荣获2012年普利茨克建筑奖，成为第一个获此建筑学领域最高奖项的中国籍建筑师。之前虽有贝聿铭获得过该奖，但贝氏毕竟是美籍华人，其意义之不同是显而易见的。普利茨克建筑奖暨凯悦基金会主席汤姆士·普利茨克表示："这是具有划时代意义的一步，评委会决定将奖项授予一名中国建筑师，标志着中国在建筑方面的发展得到了世界的认可。"这几乎是近代以来域外对于中国建筑发展的最令人瞩目之肯定。王澍在建筑学术上真正关心的问题可以简略概括为"中国本土民间建筑经验建造体系的原创性"：中国、本土、民间、建造是关键词，其中承载的信息是如此之宏大，叙事却又如此之个人化和稀松平常，以至于借用罗素的伟大发现来对其加以描述都不嫌落伍或粗率——在建筑学自主性层面上探讨"中国问题"之成立是如何可能。

对于世界而言，"中国"成为问题，应该是16世纪初环球航海成功之后的事情，尤其是近代时期工业革命发生以来才得以凸显。从学术角度看，恐怕任何一位史家都会由衷赞同：中国人不得不面对的、正式开始于1840年代的这一"千古未有之变局"一直持续至今，其影响尚在继续深入和扩展，并非只言片语所能廓清，但由传统的"士农社会"走向现代的"工商社会"

应是中国近170年间所发生的最深刻转变。在这一社会转型的大背景之下，中国的经济、政治、军事、文化、教育、医疗等各方面都发生了相应的变化，建筑艺术作为文化的重要组成部分概莫能外。

图1-1 上海虹桥疗养院

这一大背景之下的建筑艺术转变，主要存在着两种类型：一是从西方文明直接引进的，姑且称之为"移植"，诸如"现代建筑"范畴的钢筋混凝土建造技术、相关配套工艺及其艺术表现——在中国传统建筑文化中从未出现过，基本上也未借鉴其任何实质性的知识或经验，1930年代建于上海的虹桥疗养院（图1-1）堪称是其代表；而另一类型则与中国传统建筑文化存在或多或少、或深或浅、或简或繁的联系，相对于"移植"，不妨称之为"嫁接"。由于两种文化基因的相互作用，呈现出不中不西、亦中亦西的性状，而中西结合、土洋结合、中西交融，都是试图对这一类型做出的评价，其最为褒奖者，莫过于"中西合璧"建筑。同样于1930年代建成的广州中山纪念堂（图1-2）、南京国民政府外交部（图1-3）等可视为这类建筑的经典案例。

图1-2 广州中山纪念堂

图1-3 南京国民政府外交部办公大楼

1.1 "中西合璧"建筑艺术之范式

1.1.1 "中西合璧"的概念

《辞海》对于"中西合璧"是这样解释的:

> 合璧:圆形有孔的玉叫璧,半圆形的叫半璧,两个半璧合成一个圆叫"合璧"。
>
> 比喻中国和外国的好东西如建筑、名胜合到一块。
>
> 出处:见清·李宝嘉《官场现形记》:"咱们今天是中西合璧……这边底下是主位;密司忒萨坐在右首,他同来这刘先生坐在左首。"
>
> 近义词:土洋结合、亦中亦西。

可见,"中西合璧"是对于这一历史时期中西文化交流碰撞所产生的一种独特现象的正面评价,其原意的基本前提是:

1)对于"原型"的要求:无论中西,参与整合的要素原先就堪称精华,所谓"璧"也;

2)对于"造型"的要求:虽然是异质要素整合,但要好比"合璧"一样,整合本身是完美无瑕的。

因此,从审美的意义上讲,"中西合璧"之"合"乃是"整合"、"融合"而非"混合"。

"中西合璧"建筑对应的英译应为"Architectural Integration of Chinese and Western"。

1.1.2 "中西合璧"建筑的学理与形成机制

影响建筑艺术格调与品位的因素可谓纷繁复

图1-4 南京中山陵

杂，但通盘考察建成环境，主要影响因子不外乎建筑功能／空间、建筑技术／材料、建筑基地／环境以及建筑形式／风格等。不同建筑文化之间的交流碰撞在以上的影响因子中都有相应呈现，且可分为同一因子内部的中西交融和不同因子之间的中西嫁接。比如"中国古典式样新建筑"，就是将西方现代建筑技术／材料和中国古代官式建筑的建筑形式／风格嫁接在一起形成的独特类型，"中"、"西"之权重是基本相当的；而"中国现代建筑"则在建筑功能／空间与建筑技术／材料方面完全引入西方现代建筑做法，仅在建筑形式／风格方面在现代建筑体块组织之基础上，对中国传统木构建筑的细部装饰略加模仿，因此属于同一因子内部的中西交融，且"中"、"西"之权重明显倾向于"西"。

1.1.3 "中西合璧"建筑的类型

就建筑学理与形成机制而言，结合建成环境历史遗存之建筑艺术品格来看，"中西合璧"建筑存在着以下三种常见的类型：

一、中国古典式样新建筑

包括仿古做法的"宫殿式"和折中做法的"混合式"[1]，它们将西方现代建筑技术／材料和中国古代官式建筑的建筑形式／风格嫁接在一起，多为官方、专业人士主导的行政办公建筑、文化教育建筑、集会纪念建筑和宗教建筑，一般规模较大、投资较多。如南京中山陵（图1-4）、上海特别市政府（图1-5）。

二、中国现代建筑

即所谓"以装饰为特征的现代式"[2]，属于

---

1 侯幼彬，建筑形式与建筑思潮，潘谷西主编.中国建筑史（第四版）.北京:中国建筑工业出版社，2001.382~385。

2 同上。

图1-5 上海特别市政府

图1-8 武汉"里份"民居

图1-6 南京中央医院主入口

图1-7 上海"石库门"民居

新潮做法。在建筑功能／空间与建筑技术／材料方面完全引入西方现代建筑做法，仅在建筑形式／风格方面在现代建筑体块组织之基础上，对中国传统木构建筑的细部装饰略加模仿，摄取"中国元素"。这类建筑也多为官方、专业人士主导的行政办公建筑、文化教育建筑、居住建筑以及功能性较强的大型公共建筑，如集会观演建筑、医疗卫生建筑等，如南京国民政府外交部（参见图1-3）、中央医院（图1-6）。

三、民间、非专业人士主导的各类建筑

由于这类建筑大多具有非官方色彩或官方性较弱，多为非专业的民间人士主导，在建筑功能／空间、建筑技术／材料、建筑基地／环境以及建筑形式／风格方面存在着较为错综复杂的关系，既有区别于传统民居的城市里弄式住宅，如上海"石库门"（图1-7）、武汉"里份"（图1-8）以及天津"花园式里弄"（图1-9）；也有各具特色、博采众长的私人庄园和寨堡，如湖州南浔嘉业堂藏书楼（图1-10）、苏州东山雕花楼（图1-11）以及开平碉楼（图1-12）；而更多的则是遍布城乡、拥有"洋门脸"的中小型商业建筑，如北京的瑞蚨祥绸布店（图1-13）。

图1-9 天津"花园式里弄"民居（天津大学张威 提供）

图1-10 湖州南浔嘉业堂藏书楼

图1-12 广东开平碉楼

因中国建筑文化具有强烈的世俗化与官本位色彩，大众审美情趣对于建筑形式／风格的关注远甚于建筑功能／空间和建筑技术／材料。换言之，对于"像什么"（主要基于符号学的视觉方面的象征性）总是耿耿于怀，而对于"是什么"（具体的建筑使用功能和主要基于建筑的社会属性、经济属性和环境属性的建筑性能）和"为什么"（建筑活动作为社会政治经济资源分配与整合方式的动力学理论模型）则不甚了了，因此"中西合璧"建筑艺术在视觉特征方面最为典型和发达的当属

图1-11 苏州东山雕花楼（东南大学石邢 提供）

图1-13 北京瑞蚨祥（CFP）

上述民间、非专业人士主导的各类建筑。其原因在于：专业人士因明了建筑学理，故常常纠结于"像什么"背后的"是什么"和"为什么"，而非专业人士则可完全不受此困扰，所以在艺术创作手法上无所不用其极，只要能"像"，即可不择手段。

1.2 "中西合璧"建筑概览

1.2.1 缘起

若论及"中西合璧"建筑之缘起，则无法回避文明冲突这一命题。

自1840年代以来，古老的中国文明经历了有史以来最为猛烈的外来撞击，中国建筑作为其文明体系的组成部分也相应发生了巨大变化。今日之中国建筑正与中国、中华民族一道，别无选择地面临一个持续数百年然而却是全新的发展方向，即全球性的现代化浪潮。美国学者布莱克（C.E.Black）曾指出：在人类历史上有三次伟大的革命性转变。第一次是在100万年前，原始生命经过亿万年进化后出现了人类；第二次是人类由原始状态进入文明社会；而第三次则是近几个世纪以来全人类由农牧文明逐渐过渡到工业文明。显然，这次转变具有与前两次转变迥然不同的特点：首先，从全球范围内看，人类的前两次大转变基本上是在各地域、民族相互隔绝、彼此孤立的状态下个别实现的，而第三次大转变则完全是另一种情形。由于交通运输和通信联系能力

的空前加强，工业革命、科技进步、知识爆炸乃至信息革命等一波又一波现代化浪潮必然具有世界性的弥散和扩张性质，这种弥散和扩张一方面伴随着血与火，具有侵略性与强制性；另一方面也的确促进了不同文明之间的交流与沟通。[1]

其次，从地域上看，虽然该转变过程展现的现代化总是从西欧开始，然后通过殖民活动扩散至美、大、亚、非诸大洲，故而有人称之为西化或欧化；但实际上现代化有更丰富而深刻的内涵。现代化并非普世化地、简单地向欧美国家认同与靠拢的过程。作为一种反馈，其间必然渗透着每个国家、民族根据各自的历史文化背景和本能的趋利避害原则对此采取不同的价值取向与模式选择。对有着古老文化传统并曾在世界文明史上占有重要席位的中国而言，情况就更为复杂，而绝不仅仅是简单的"西化"问题——"中西合璧"的宏观的历史动因正在于此。

由于人类第三次革命性转变特有的弥散与扩张性质，不同国家现代化历程的起步时间和启动方式是各不相同的，据此可将其分为"早发内生型现代化"和"后发外生型现代化"。前者代表为英、法、美诸国，其现代化早在16～17世纪就已起步，且最初启动因素都源自本国社会内部。而后者则包括德、俄、日及当今广大发展中国家，其现代化大多迟至19世纪才开始起步，且诱因主要源于外部世界的生存挑战及"早发内生"者的现代化示范效应。显然，中国的现代转型属于后一类型。

就发生主体以及影响机制而言，"后发外生

---

1 许纪霖 陈达凯：中国现代化史（第一卷1800～1949）.上海：上海三联书店.1995.1

图1-14 圆明园西洋楼之一

型现代化"显得比较复杂，也正因如此才别具意趣。从中国传统文明及其维护者的角度看，在经历了最初的无知和无效抵抗之后，其面对西方文明冲击的心态是矛盾的：一方面，知其厉害，欲加引进和利用；另一方面，又惧其扩张，必须限制和管控。于是，在西式建筑中掺入中国元素，或在中国传统建筑中利用西式建筑元素就成为两种最基本途径，"中西合璧"建筑由此产生。饶有深意的是，从历史上看，"中西合璧"建筑的始作俑者并非在"后发外生型现代化"过程中处于守势的中国人自身，而是处于攻势的西方人——基督教来华传教士和教会。

1.2.2 发展概况

"中西合璧"建筑的产生、发展大体可分为两个时期，即晚清／民国时期和新中国时期，而晚清／民国时期又可分为三个阶段，即先声阶段（19世纪末到20世纪20年代）；高潮阶段（20世纪二三十年代）；低潮阶段（20世纪40年代）。

先声阶段的主角是在华活动的西方教会与西方建筑师。早在鸦片战争之前，清廷聘请郎世宁、蒋友仁、王致诚等传教士主持修建圆明园"西洋楼"（图1-14），可视为近代开端之前最重要的"中西合璧"建筑案例。但因限于禁苑之内，社会影响极有限。鸦片战争以后，基督教（包括天主教、基督教新教和东正教）再次合法进入中国。与以前不同，此次"洋教"大举进入伴随着血雨腥风，屡屡发生教会与中国民众间矛盾激化的"民教冲突"，即所谓"教案"。"教案"并非近代才有，早在明末耶稣会传教士来华后不久即有民教冲突，儒、佛、道是反对天主教的主力，具有深厚的文化背景和民间基础。关键在于，鸦片战争之后的"教案"与西方殖民主义者对中国的侵略互为表里，具有强烈政治色彩。"教案"频发致使传教受挫，教会遂改弦更张。他们从前辈利马窦等人处受到启发，对中国文化采取调和姿态——

图1-15 北京中华圣公会南沟沿救主堂 (CFP)

图1-17 金陵女子文理学院

图1-16 北京中华圣公会南沟沿救主堂内景 (CFP)

穿着中国服饰，用中文传道，以及更重要的措施：使教会所属的教堂、学校、医院等建筑在形式上中国化——由此催生了"中国式"建筑。至20世纪初，终于形成天主教的"中国化"和基督教新教的"本色运动"。其主要做法是：教会建筑采用西式屋架结构与中国传统木构建筑屋顶形式相结合，如北京中华圣公会救主堂（图1-15、图1-16）以及南京金陵女子文理学院校园建筑（图1-17）等。

与此同步，民间对西洋文明由抵触渐变为艳羡和崇尚。受此影响，主要由非专业人士主导的

商业建筑也开始尝试使用"洋门脸"等简易办法加以表现——临街店面房前檐墙砌成两三层高的砖墙，借助粉刷施以雕饰，其门窗洞口常砌平券、拱券，砖柱顶亦设雕饰，成为欧洲文艺复兴建筑之壁柱的变体，女儿墙上部砌成拱形或桃形，同样布满图案装饰。总之，仅用一堵做足工夫的檐墙即成就其西洋风味，效率极高。其"中西合璧"之艺术特征主要在于：1）多数店面保留中国传统匾额、招牌和楹联，但并非木制，而用纸筋、麻刀灰做成。2）"洋门脸"雕饰多为中国传统题材，如"龙凤呈祥"、"麒麟送子"、"岁寒三友"等，工艺多取传统做法：用铁丝、竹片做骨架，麻刀粉泥成型后涂色。如位于北京前门大栅栏的瑞蚨祥绸布店（参见图1-13）始建于1893年，1900年焚后重建。两层砖木结构，立面深绿色，兼以白色大理石雕刻，主题为"松鹤延年"、"牡丹图"、"荷花图"等，总体上为中国民间传统做法，立面局部采用一些西洋建筑细部加以变形处理，堪称"从中国民间渠道接受外来建筑文化影响的一个典范"。

高潮阶段从 20 世纪 20 年代末开始，其主角是刚登历史舞台不久的中国建筑师。随着北伐战争的胜利和南京国民政府在全国范围内初步建立统一政权，国民党开始其所谓"训政"时期。为加强其社会动员能力，遂提出复兴中国传统文化。以《首都计划》和《大上海计划》为标志，国民政府确立了"中国固有式"建筑的主导地位。其核心思想是"本诸欧美科学之原则"，保存"吾国美术之优点"。[1] 而"所谓采用中国款式，并非尽将旧法一概移用，应采用其中最优之点，而一一加以改良。外国建筑物之优点，亦应多所参入，大抵以中国式为主，而以外国式副之。中国式多用于外部，外国式多用于内部"。[2] 因设计中山陵与中山纪念堂而声名鹊起的建筑师吕彦直亦曾谈道："今者国体更新，治理异于昔时，其应用之公共建筑，为吾民建设精神之主要的表示，必当采取中国特有之建筑式，加以详密之研究，以艺术思想设图案，用科学原理行构造，然后中国之建筑，乃可作进步之发展。"[3]

受此民族主义思想之影响，国民政府治下各类公共建筑外观多采用"大屋顶"——"重要之国粹"，而技术上则大量运用钢筋混凝土乃至钢结构——"科学之原则"。"中西合璧"在此突出表现为中国官式建筑庄重格局和华丽外衣与刚从西方引进不久的先进建筑技术与建造工艺的复合与叠加，如 1931 年建成的广州中山纪念堂，拥有 4600 多座位的观众厅上方覆盖八角攒尖屋顶，

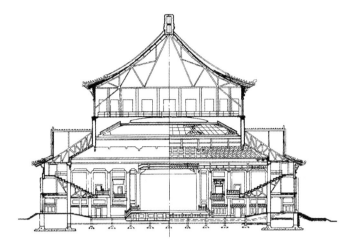

图 1-18　广州中山纪念堂钢屋架

使用了跨度达 30 米的芬式钢屋架（图 1-18）。因政策导向之巨大影响，此一时期仅南京就建成近 30 座"中国固有式"建筑，其他城市如上海、广州、武汉等地的同类建筑之数量也颇为可观，甚至在河南开封、新乡一类的中等城市也有所表现。一些高等院校新的规划建设也运用了"中国固有式"建筑，如杨锡宗、林克明相继设计的中山大学校园建筑，墨菲（H. Murphy）设计的岭南大学、复旦大学、金陵女子文理学院校园建筑，杨廷宝设计的四川大学校园建筑，凯尔斯（F. H. Kales）设计的武汉大学校园建筑，以及陈嘉庚亲自主持规划设计的厦门大学校园建筑等。

与此同时，受欧美建筑界逐步展开的"现代运动"的影响，加以"中国固有式"建筑因造价高昂而饱受诟病，另一类号称"中国现代建筑"的新型建筑艺术风格应运而生——在建筑功能／

1　孙科.首都计画序.见：国都设计技术专员办事处.首都计划.南京：国都设计技术专员办事处,1929
2　国都设计技术专员办事处.首都计划.南京：国都设计技术专员办事处,1929.35
3　吕彦直.规划首都都市区图案大纲草案.首都建设,1929 (1)：25

图1-19 南京国民大会堂

图1-20 南京国立美术陈列馆

空间与建筑技术／材料方面完全引入西方现代建筑的做法，如简洁的几何形体和平屋顶，钢筋混凝土结构或砖混结构，仅在建筑形式／风格方面对中国传统木构建筑的细部装饰略加模仿，其现代建筑韵味中融入少许中国传统元素的创造性做法堪称独具一格。如南京国民政府外交部、中央医院、国民大会堂（图1-19）、国立美术陈列馆（图1-20）、上海中国银行总行（图1-21）等。后者是中国建筑师陆谦受的代表作，也是在高层建筑设计领域"中西合璧"之首创。

与上述主要由专业人士尤其是中国建筑师主导的官方、大型公共建筑建设活动相并行的是另一类"中西合璧"建筑——在较早成为开放口岸的上海、天津、武汉等地大量出现的里弄式住宅，以及在数量上虽不庞大，但却各具特色、博采众长的私人庄园和寨堡，比如得开放风气之先、较富庶的江南地区常见的私家宅园，以及在岭南地区侨乡建筑中独树一帜的开平碉楼等。其共性在于："中西合璧"的设计与建造活动是民间自发的、由业主或地产商自行筹划、中国营造业及其

图1-21 上海中国银行总行

工匠参与设计和实施。由于存在不同程度的非专业性因素，在建筑艺术的格调、品位、旨趣等方面显得更为复杂和丰富。如建成于1925年的苏州东山"雕花楼"（参见图1-11），以其雕刻精美、结构奇巧，被誉为"江南第一楼"。它是在上海经商发财的金氏兄弟建造的豪宅，由香山帮著名匠人陈桂芳设计，并雇用250多名工匠，耗资15万银园，历时3年方得竣工。而民国初年的泰州高港"雕花楼"则在传统的中国建筑院落中设有3座相连的弧形门，其花板上雕出的扇形图案内阴刻"洋门"二字，刻意表明吸收外来文化。门框内既刻有锦鸡、喜鹊、双鹿等中国传统题材图案，也不乏盘着地球仪的狮子、长有翅膀的飞马等充满异国风情的元素，其"中西合璧"旨趣可见一斑。

然而，上述"中西合璧"建筑的高潮期并不长久，伴随着1937年至1949年长达12年的战乱，"中国固有式"建筑进入低潮阶段。这期间，国家经济几乎一直处于战时体制，"中国固有式"建筑因其耗资巨大而不能适应新的经济形势，逐渐少人问津，全国范围内建成的"中国固有式"建筑屈指可数，如杨廷宝设计的成都四川大学望江楼新校址之图书馆（图1-22）、理化楼、学生宿舍，成都刘湘墓园，南京中央研究院总办事处（图1-23），以及李华设计的昆明抗战胜利纪念堂（图1-24）等。甚至因为经济拮据，重庆原国民政府主席林森的墓园只建造了墓圹部分。低潮阶段，"中国固有式"建筑在技术上不得不注意就地取材，以尽可能节约投资。如四川大学校园建筑普遍使用木制屋架。虽然是战争时期，但

图1-22 成都四川大学图书馆

图1-23 南京中央研究院总办事处

图1-24 昆明抗战胜利纪念堂

图1-25 湖南武冈中山堂

图1-26 北京民族文化宫

国民政府西迁也促进了中西部地区的经济发展与城市建设，"中西合璧"建筑活动在这一地区也有进一步展开。如1943年建成的湖南武冈中山堂（图1-25）采用单檐庑殿顶，局部借鉴中国传统木构建筑如穿斗与抬梁混合的屋架结构，而整体则采用民国时期常见的西式砖木混合结构，正立面明间做成三角形山花门楼，从而具有部分西方古典建筑的形式特征。而另一方面，战乱之中的颠沛流离也让建筑师们认识到了中国传统民居的价值，其设计思想和处理手法逐步成为关注和借鉴的对象，如林徽因设计云南大学女生宿舍楼"映秋院"即为一例。

图1-27 北京友谊宾馆

短暂的民国时期虽于1949年终结，新中国的建立和新的政治制度的推行并不可能将文化传统完全割断，"中西合璧"建筑在20世纪50年代以后又迎来了新一轮高潮，由苏联导入的"民族的形式，社会主义的内容"再次将"中国固有式"建筑推上一个新舞台。当然，这次它与"中国现代建筑"打包被合称为"民族形式"。在"古

图1-28 北京火车站 (CFP)

图 1-29 建筑工程部办公大楼

图 1-30 重庆人民大会堂

为今用,洋为中用,推陈出新"的指导思想影响下,以"北京十大建筑"为代表,"中西合璧"建筑又一批力作横空出世。这其中不乏由"中国固有式"建筑进一步发展而来,以各种式样、尺度及分量的"大屋顶"为主要特征的作品,如民族文化宫(图1-26)、友谊宾馆(图1-27)、钓鱼台国宾馆、北京火车站(图1-28)、全国农业展览馆,以及"四部一会"办公大楼[1]等;也有一批继续沿着"中国现代建筑"线路进一步探索的范例,诸如建筑工程部办公大楼(图1-29)。与此同步,全国各主要城市也多跟随风潮,如1954年竣工的重庆人民大礼堂(图1-30)、南京华东航空学

图 1-31 南京华东航空学院教学楼

1　"四部一会"办公大楼,是中华人民共和国成立初期由国家计划委员会和地质部、重工业部、第一机械工业部、第二机械工业部联合修建的办公大楼,由著名建筑师张开济主持设计,建于1954年。在当时的北京市是一处规模很大的行政办公建筑群。参见:重达.从节约观点看"四部一会"的办公大楼.建筑学报1955 (1)。

图1-32 上海鲁迅纪念馆

一次提供了常态化的表演舞台。而且由于政治气候的逐步宽松，以及现代建筑理论、思潮的成规模引介和探讨，促进了这种表演在建筑学专业内部的深入和拓展，进入了全新的历史时期。1980年代以来陆续建成的北京图书馆新馆（图1-33）、北京西客站（图1-34）、曲阜阙里宾舍（图1-35）、陕西历史博物馆（图1-36）、南京雨花台革命烈士纪念馆（图1-37）、福建

图1-33 北京国家图书馆（CFP）

图1-34 北京西客站（CFP）

院教学楼（图1-31）等。这其中还包括借鉴传统民居而获成功的重要作品，如上海鲁迅纪念馆（图1-32）。后因经济调整和十年动乱，建筑活动规模很小。

始于20世纪70年代末期的改革开放再次为建筑创作提供了难得的机遇，再加以国际上盛行"后现代主义"之错位搭接，为"中西合璧"建筑的主要创作思想——基于本土建筑文化传统整体的挖掘、提炼、应用和外来的先进建筑科技、模式、形态的高端折中与整合，再

图1-35 曲阜阙里宾舍

图1-36 陕西历史博物馆

图1-37 南京雨花台革命烈士纪念馆

图1-38 福建武夷山庄

图1-40 北京丰泽园饭庄（CFP）

图1-39 北京香山饭店

图1-41 杭州潘天寿纪念馆

武夷山庄（图1-38）等都属于这一时期的扛鼎之作。而"中国现代建筑"更是异军突起，出现了北京香山饭店（图1-39）、丰泽园饭店（图1-40）、杭州潘天寿纪念馆（图1-41）、浙江美术馆（图1-42、图1-43）、深圳万科第五园（图1-44）等优秀作品。

不仅仅是在中国大陆，"中西合璧"建筑在20世纪50年代以后的台湾地区同样获得了发展机遇。台北"国父纪念馆"（图1-45）、台北圆

山饭店（图1-46）、"中正纪念堂"（图1-47）、中国文化大学（图1-48）等都是这一时期的代表作。

2009年是新中国成立60周年，配合着天安门广场盛大庄严的庆祝仪式和举国上下载歌载舞的热烈氛围，最具官方色彩的建筑专业期刊《建筑学报》适时地推出了"建筑选秀"——建筑设计国家级奖项的玉照。然若细究，却不难发现：在封面、封底共50张彩照中，具有"民族风格"、

图 1-42 杭州浙江美术馆

图 1-43 杭州浙江美术馆内景

图 1-45 台北"国父纪念馆"

图 1-44 深圳万科第五园

图 1-46 台北圆山饭店(南京大学关华 提供)

图1-47 台北"中正纪念堂"

图1-48 台北中国文化大学（南京大学关华 提供）

"中国元素"的"中西合璧"建筑至少有十多项。在此时间、机缘上宣传如此评选结果，其中的深意耐人寻味：从总体上看，受到"后发外生型现代化"的发展模式以及历次"中华文化复兴运动"的影响，既要追赶世界潮流又难以割舍本土文化特色的纠结心绪与近百年来步履蹒跚的中国建筑如影随形，而基于上述复杂、矛盾心态的"中西合璧"建筑则构成了近百年来中国建筑多彩拼图之底色。

第二章　中国古典式样新建筑

高端折中与高超技艺

主张用西方先进的建筑科学技术手段，塑造出具有"中国特色"的建筑形式，这一思潮在近代以来中国建筑活动中一直以顽强生命力存在着。在不同时期，这种思潮以不同的面目出现，从 20 世纪 20 年代的教会建筑"中国化"，到 30 年代的"中国固有式"建筑，再到五六十年代的"民族形式"建筑，直至 80 年代以来的"新民族形式"建筑。无论冠以何种名称，其基本的理论依据和实践诉求是一致的：建筑艺术关乎国家、民族的文化精神，建筑形式是这种精神的外在表现。所以中国的建筑形式要表征自己的文化精神。而且，这并不妨碍在物质、技术层面借用西方先进的建筑科学技术手段。相反，如果将二者结合，一定能使古老的中国建筑焕发新的生机——傅朝卿称其为"中国古典式样新建筑"[1]，实在精妙。

"中国古典式样新建筑"的内核至少有二：一是具有中国古代木构官式建筑某些形式特征及其相应的视觉效果，如"大屋顶"、仿木结构柱、梁以及斗栱、彩画等；二是运用（至少是部分运用）西方传入的建筑新技术，如钢筋混凝土框架结构以及桁架等。在这种中国传统样式与西方建筑技术手段复合、叠加的过程中，首先做出尝试的是西方来华的基督教人士，而实例则多见于教会的相关机构如学校、医院等。

2.1 基督教本土化与教会建筑

清末民初，尤其是庚子之变和五四运动之后，西方在华教会已逐步意识到必须改变传教策略，以应对日益复杂的民教矛盾和更为宏观意义上的中国民族觉醒。至 20 世纪初叶，天主教的"中国化"和基督教的"本色运动"遂渐成风气。1920 年代，直接受美国（基督教新教）各大差会[2]和洛克菲勒财团资助的"中国教育调查团"，明确提出要使教会学校"更有效率、更基督化、更中国化"的口号。传教士们不仅着长袍、马褂，戴瓜皮帽，而且学习汉语，深入研读儒家文献[3]，接纳中国人的饮食起居习俗，试图从各角度、层面全方位地拉近基督教和中国民众之间的距离，希望消除因文化差异导致的抵触情绪。教会开展的建筑活动顺理成章地成为这一运动的重头戏，而教堂和教会学校则是这一开创性试验的两类建筑载体。从 20 世纪初至 20 年代末，在短短 20 多年内相继建成的重要教会学校多达 17 所，包括：东吴大学（苏州，1902 年，美）、震旦大学（上海，1903 年，法）、圣约翰大学（上海，1905 年，美）、之江大学（杭州，1910 年，美）、华西协和大学（成都，1910 年，美、英）、华中大学（武汉，1910 年，美、英）、金陵大学（南京，1911 年，美）、华南女子

1　傅朝卿.中国古典式样新建筑——二十世纪中国新建筑官制化的历史研究.台北：南天书局有限公司.1993.序vii
2　基督教差会是基督教差派传教士进行传教活动的组织，多为西欧、北美国家的基督教会所设立，派遣传教士到亚洲、非洲、拉丁美洲等国设立教会、开办学校、报馆和举办慈善事业.参见：顾长声.传教士与近代中国(第二版).上海：上海人民出版社，1991．109
3　顾长声.传教士与近代中国(第二版).上海：上海人民出版社，1991．385

文理学院（福州，1914年，美）、湘雅医学院（长沙，1914年，美）、金陵女子文理学院（南京，1915年，美）、沪江大学（上海，1915年，美）、岭南大学（广州，1916年，美）、燕京大学（北京，1916年，美）、齐鲁大学（济南，1917年，美、英）、福建协和大学（福州，1918年，美、英）、津沽大学（天津，1922年，法）以及辅仁大学(北京，1929年，美)。除东吴大学和津沽大学以外，这些新建的教会大学之建筑风格几乎无一例外地采取了"中西合璧"策略，而中国古典式样新建筑作为一种"更有效率"的建筑风格，在建成案例中占有绝对优势。

案例1　中华圣公会救主堂

中华圣公会救主堂位于现北京市西城区佟麟阁路（旧名南沟沿）85号，又名安利甘教堂、中华圣公会堂、南沟沿救主堂，建于1907年，是原中华圣公会华北教区的总堂及主教座堂，它

代表了1900年以后北京教堂建筑风格的重要转向——平面布局虽遵循教堂建筑形制，但建筑材料选用中式的青砖、灰色筒瓦，屋顶、檐口、山墙等建筑细部多采用北方传统民居的硬山做法，而开窗又多用砖砌拱券，使得教堂整体外观风格颇具中国传统建筑的韵味，也融合西方古典建筑做法，是典型的"中西合璧"建筑（图2-1）。

教堂建筑平面为拉丁十字形，其中央部分为近两层高的硬山两坡顶，侧廊低于中央部分，为单坡硬山顶。南段侧廊之中部又各设一侧门，门上方两坡顶高度与中央部分接近。这样，整个屋顶部分就成为有两个交叉点的双十字形(图2-2)。在两交叉点上又各设一八角形采光亭，其较大者兼作钟楼（图2-3）。教堂主入口设于南面山墙，正门两侧及门楣上方有汉白玉雕楹联，上联"此诚真主殿"，下联"此乃上天门"，横批"可敬可畏"，正门上方设有哥特建筑韵味的圆形玫瑰花窗。教

图2-1　北京中华圣公会救主堂

图2-2　北京中华圣公会救主堂鸟瞰

堂建筑结构与细部工艺也同样是中西建筑风格融合的典范。其砖、木混合承重结构体系之中央高起部分共设十一榀木框架，与上部等腰三角形木桁架相连，之上为方形断面木檩条、木椽子，上盖灰色黏土筒瓦。最有意味的是祭坛上方的八角形三重檐兼作钟楼的采光亭及其八边形基座，其逐层向内出挑的木结构不免使人联想到天坛祈年殿（图2-4）。地面铺设木地板，圣坛亦为木质，四周围以中式红木围栏，雕有花草装饰，圣坛摆设均为中国传统式样家具。教堂内设圣洗池，并且配有完整的上下水装置，为当时罕见。主、次入口两侧墙面皆砌厚重砖墩，宽度达两砖半，近

图2-4 北京中华圣公会救主堂钟楼内部木结构仰视

图2-3 北京中华圣公会救主堂钟楼外观

图2-5 北京中华圣公会救主堂侧廊入口扶壁

图 2-6 南京金陵大学校园（20 世纪 20 年代）

60 厘米，有哥特建筑"扶壁"之意象（图 2-5）。部分窗洞口采用砖砌半圆形或弧形拱券。很明显，其空间形制、承重结构是西式做法，入口装饰、屋顶以及室内陈设则大量采用中式做法，而部分外墙细部又采用西式，糅合出文化交融混杂的奇异空间氛围。

该教堂建筑饱经沧桑，是 20 世纪中国巨大变迁的亲历者与见证人。其原址为清廷刑部官员殷柯庭私宅。而英国圣公会传教士鄂方智则乘 1900 年"庚子之变"时英军占领北京宣武门内地区之机，在占领区内觅得殷宅并占领之，遂着手拆宅建堂。虽有殷柯庭之子极力阻止并要求归还，但鄂方智仍照建不误。后殷家被迫签立契约，将价值数万两银之巨的私宅以区区 8000 两银"转售"圣公会。1907 年中华圣公会华北教区主教史嘉乐请人设计施工，于当年底建成并投入使用，为中华圣公会在北京兴建的首座教堂。1911 年经北洋政府有关部门登记造册，安利甘教堂建筑及土地正式成为中华圣公会的财产。1949 年后圣公会逐步退出中国大陆，该教堂后成为北京电视技术研究所库房，一度破败不堪。20 世纪末，港资企业北京塞翁信息咨询服务中心收购教堂建筑，斥资 80 万元人民币用于整修，将其作为公司办公场所至今，2003 年成为北京市文物保护单位。

案例 2　金陵大学校园建筑

金陵大学校址坐落于南京市鼓楼区汉口路 22 号，现为南京大学所在地。金陵大学是美国美以美会（卫斯理会，Methodist Church）在南京创办的第一所教会大学，其前身是 1888 年在南京成立的汇文书院（Nanking University）。

1910 年金陵大学成立后，在南京市鼓楼区西南购地建造新校舍，1913 年由纽约建筑师克尔考里（C．X．C）完成校园规划，之后由美国建筑师司斐罗、芝加哥珀金、斯费洛斯与汉密尔顿（Perkins，Fellows & Hamilton）建筑师事务所的测绘师莫尔负责建造。金陵大学校园建筑群是最早一批经过完整、专业的规划设计，并将中国宫殿式建筑风格和西方建筑形制、建造技术融为一体的成功案例（图 2-6）。其主要建筑包括：

小礼拜堂，或称小礼堂，建于 1916 年，由中国建筑师齐兆昌、美国珀金斯、费洛斯与汉密尔顿建筑师事务所共同设计；

礼拜堂，现大礼堂，建于1917年，由美国珀金斯、费洛斯与汉密尔顿建筑师事务所设计；

塔楼，现北大楼，建于1919年，由美国建筑师司迈尔（A. G. Small）设计；

科学馆，现东大楼，建于1925年，由美国建筑师司迈尔设计；

裴义理楼，现西大楼，建于1926年，由中国建筑师齐兆昌设计；

图书馆，建于1936年，由中国建筑师杨廷宝设计。[1]

图2-7 南京金陵大学礼堂

图2-8 南京金陵大学裴义理楼

1 卢海鸣 杨新华 濮晓南. 南京民国建筑. 南京: 南京大学出版社, 2001. 158～168

上述建筑的建设时间跨度长达20年，而仍能够形成结构完整、氛围独特、风格统一的校园空间环境，应是得益于先期的规划设计具有前瞻性与可持续性，以及负责单个项目设计的建筑师具有良好的规划意识——这些分期实施的建筑一律采用青砖墙面，歇山屋顶上覆灰色筒瓦，建筑平面严谨对称，进深较大，窗户较小，且多采用石制窗台和过梁，显得封闭厚重，体现出中国宫殿式建筑的形式特征（图2-7、图2-8）。其"中西合璧"要点在于：建筑形式、外装修材料多为中式，而建筑形制、建筑结构和建造技术则多采西法。以北大楼为例，3400多平方米的建筑规模包含地上二层和地下一层，平面呈规整的矩形，砖木结构，虽采用中国传统歇山屋顶，却也糅合西式建筑布局——在大楼南立面中部巍然屹立起五层高的正方形塔楼（图2-9），将大楼一分为二，划分为对称的东西两翼，这实际上是搬用了西方古典建筑中的钟楼的空间形制，显得唐突和生硬，却又在塔楼顶部冠以造型效果丰富、独特的十字

图2-9 南京金陵大学北大楼

脊歇山屋顶，它和东西两翼对称体量的单檐歇山屋顶，以及1949年之后出现于塔楼顶部正中的耀眼的红五星"合奏"出一部乐章似乎中规中矩、配器丰富，而旋律和音效却多少显得有些怪诞奇幻的"民族交响乐"。这和十多年之后由在美国学成归来的中国建筑师杨廷宝设计的图书馆比较起来，身处芝加哥的美国建筑师对于中国官式建筑的理解显然是比较肤浅的。这就从另一个层面上揭示出上述不同历史时期、不同建筑师主持设计的六个不同建筑单体在建筑风格上尚能和谐共处的原因之一：建筑承包商仅只一家，即著名的陈明记营造厂。

金陵大学校园建筑群至今保存较为完好，由于其特殊地位，1991年被评为中国近代优秀建筑，并于2006年以"金陵大学旧址"之名义成为全国重点文物保护单位。

案例3 金陵女子文理学院校园建筑

金陵女子文理学院（1930年之前名为金陵女子大学）位于南京市鼓楼区宁海路122号，现为南京师范大学所在地。

1913年，美国教会美北长老会、美以美会、监理会、美北浸礼会和基督会决定在长江流域联合创办一所女子大学，11月13日，组成校董会，选定南京为校址所在地。1915年，金陵女子大学在南京李鸿章花园旧址开学。首任校长为德本康夫人（Mrs Laurence Thurston）。1923年7月移至随园永久校址，聘请美国建筑师亨利·墨菲（Henry K. Murphy）主持规划设计，后来成为中国著名建筑师的吕彦直也参与了设计工作，由

图 2-10 南京金陵女子大学校园

图 2-12 南京金陵女子大学教学楼歇山顶侧视细部

图 2-11 南京金陵女子文理学院主入口大草坪

陈明记营造厂承建。1922 年开工建设，1923 年校舍落成，包括会议楼、科学馆、文学馆以及 4 幢学生宿舍楼在内，计有 7 幢宫殿式建筑，1934 年又建成图书馆和大礼堂。至此，这组中国宫殿式建筑群臻于完善，并获得"东方最美丽校园"之赞誉（图 2-10、图 2-11）。

该校园按东西向轴线对称布局，入口以林荫道加强空间纵深感，主体建筑物以大草坪为中心，对称布置，会议楼后面是一个以人工湖为中心的花园，中轴线的西端结束于丘陵（西山）制高点

的中式楼阁。建筑造型取中国宫殿式风格，建筑材料和结构采用西方传入的钢筋混凝土结构，建筑物之间以中国传统建筑的廊庑相互连接，为典型的"中国古典式样新建筑"。从建筑艺术与审美角度看，其特色在于以下三点：

1）对于中国官式建筑总体造型如屋顶的比例、尺度和细部处理如歇山顶的山墙面之博风板、排山勾滴等加以逼真再现（图 2-12）。这一点是至关重要的。也正是从这个意义上说，长期以来饱受诟病的斗栱与柱头不对位、结构逻辑不清其实并无大碍。对于使用者和观众等非专业人士而言，斗栱的有无以及斗栱自身的形象最重要，他们对于结构理性并无关心的意识和必要。

2）立面处理方面，通过开窗反映屋顶结构空间的高效利用：巨大的坡屋顶内部空间加以合理利用是提高建筑设计使用系数的良方，这一在西方古典建筑包括民居中广泛采用的方法却是中国官式建筑包括民居未曾触及过的，而在本案中通过山墙面开设窗户增加天然采光的设计正是为了匹配坡屋顶室内空间的更合理利用——用作储

图 2-13　南京金陵女子大学教学楼歇山顶开窗细部

图 2-14　南京金陵女子大学传统屋顶檐下别出心裁的色彩设计

藏室或者小型办公空间，这一做法也为歇山屋顶山墙面形式带来了新气象（图 2-13）。

3）最早尝试对于中国官式建筑彩画进行抽象表达。从设计角度而言，直接沿用清官式建筑彩画固然是省力之举，之前的国立北平图书馆就采用此法。但墨菲在本案中却不惜耗费心力，在梁、枋、柱头上设计了极简约的矩形图案并施以墨绿、橄榄绿、浅绿、白、黑、大红等油彩，而斗栱则一律采用明度较高的浅绿和浅湖蓝色（图 2-14）。虽近观时不免有生硬之感，但远观时也能多少获得些传统彩画的意趣——檐下的诸多细部虽处于阴影之中，但由于彩画的明度较高，使得这些细部并不显得乌涂晦暗和无精打采。

总体上看，基于传教活动必须更"中国化"的政策，20 世纪 20 年代之前的一批教堂建筑和教会学校之校园建筑在建筑风格上采取本土化策略，其姿态虽积极主动，但动机却出于迫不得已。这一阶段的尝试是由传教士和西方建筑师主导，

他们对中国木构建筑的学理尚缺乏足够的研究和理解，故"嫁接"的"创口"和"疤痕"较为明显。但将西方的、现代的建筑形制和建筑技术与中国传统建筑的形式、细部工艺相互融合毕竟是前无古人的开创之举，其诸多"发明创造"不乏可圈可点之处。而这一开创性实践过程的最直接成果就是培养了第一代中国建筑师中的一位天才——吕彦直，他的代表作南京中山陵和广州中山纪念堂是"中国古典式样新建筑"划时代的杰作。

2.2 天才的实验：南京中山陵与广州中山纪念堂

从 1910 年代末开始，远赴日欧美学习建筑学专业的中国人陆续归国从业，随着首批现代意义上的中国建筑师登上历史舞台，几千年来建筑活动依赖工匠口传心授的传统逐步被改变，19 世纪中期以来西方建筑师独占中国建筑设计市场的

图 2-15　吕彦直像（1894—1929 年）

局面也得以被打破，早期的中国土木工程师兼营建筑师业务的不够专业的状况也才得以扭转——第一代中国建筑师的历史地位由此奠定。而毕业于康奈尔大学建筑学专业并跟随亨利·墨菲工作过的吕彦直（1894—1929 年）就是其中的佼佼者（图 2-15）。他以短短 36 岁的生命旅程书写了"中国古典式样新建筑"浓墨重彩的华章：中山陵与中山纪念堂。

案例1　南京中山陵

中山陵是中国民主革命先行者孙中山（1866—1925 年）的陵墓及其附属纪念建筑群，

图 2-16　南京中山陵

位于南京市东郊紫金山南麓，西邻明孝陵，东接灵谷寺。1926 年 1 月动工兴建，1929 年 6 月 1 日举行奉安大典。1961 年成为全国重点文物保护单位（图 2-16）。

1925 年 3 月 12 日，孙中山在北京逝世。是年 5 月 13 日，"总理葬事筹备委员会"决定向海内外悬奖征求陵墓设计方案，时年 32 岁、名不见经传的吕彦直报名应征。他潜心研究中国古代皇陵和欧洲帝王陵墓，精心构思绘制出一独具匠心的方案，并撰写设计说明，对总体布局、材料使用、色彩提出了初步设想。后根据凌鸿勋（南洋大学校长）、朴士（德国著名建筑师）、王一亭（著名画家）、李金发（著名雕刻家）等 4 位评判顾问的书面评判意见，评出首发奖吕彦直、二奖范文照、三奖杨锡宗，及其他名誉奖 7 人。"总理葬事筹备委员会"又将全部应征图案在上海公开展出 5 天，广泛征求意见。展出期间，观者如潮，中西各报纷纷对获奖图案发表评论或采访，一时轰动上海滩。展览结束后，葬事筹备委员进行复议，一致认为吕案"简朴坚雅，且完全根据中国古代建筑精神"，决定采用此方案建造陵墓，同时聘请吕为项目建筑师，主持建筑施工图设计、选用建筑材料、监工及工程验收等事务。后经投标确定由上海姚新记营造厂承建。1926 年 1 月开工之后，在军阀割据和北伐战争的动荡时局之下历经磨难，主体工程终于 1929 年 5 月完工，6 月 1 日隆重举行孙中山遗体归葬中山陵的奉安大典。吕彦直也因南京中山陵工程设计、监工长期积劳成疾，罹患癌症于 1929 年 3 月 18 日在上海逝世，南京国民政府曾通令嘉奖。

图 2-17 航拍初步建成的南京中山陵

图 2-18 利用严谨轴线组织空间序列的南京中山陵

图2-19　南京中山陵博爱坊

中山陵的主要建筑有：牌坊、墓道、陵门、碑亭、祭堂和墓室等，此外尚有一系列配套纪念性建筑，如永慕庐、宝鼎、音乐台、流徽榭、仰止亭、光华亭、行健亭、藏经楼等。从空中鸟瞰，整个陵园像一座平卧的"自由钟"（图2-17）。多年以来，人们一直在传颂这一钟形总平面寓意"警钟长鸣"和体现陵墓主人"必须唤起民众"之精神云云，就像许多艺术杰作之效果超越原作者意图一样，为吕彦直始料所不及。

中山陵的设计艺术特点主要有五：

一是布局精妙，结构完整。总平面设计紧密结合山势与地形，把尺度不大的牌坊、陵门、碑亭、祭堂、墓室等建筑单体串联于一条中轴线上，用大片绿地和宽阔石阶连接成一大尺度的群体，营造出庄严肃穆的总体氛围（图2-18）。

二是中西嫁接，珠联璧合。墓圹置于祭堂之后，合乎中国传统观念，祭堂则以清官式建筑为基调，吸收西式石构建筑特点，墓室则完全采用西式建筑做法，两者结合可谓天衣无缝。同时又借鉴牌坊、陵门、碑亭等中国古代陵墓的传统形制（图2-19、图2-20、图2-21），再饰以华表、石狮、铜鼎等（图2-22、图2-23、图2-24），使整个建筑群既富有中国特色，也兼具西洋文明气质，从而别具一格。以祭堂为例，其屋顶形式取自清官式建筑的重檐歇山顶，但并非完全照搬——因为檐口以下的建筑形体借鉴了西方古典

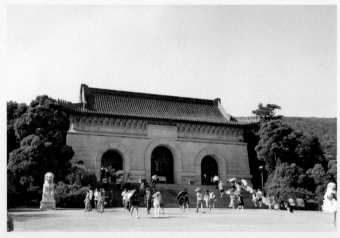

图 2-20 南京中山陵陵门

图 2-21 南京中山陵碑亭

图 2-22 南京中山陵陵门前的石狮子

图 2-23 仰望南京中山陵祭堂两侧对称布局的铜鼎

图 2-24 南京中山陵祭堂两侧对称布局的铜鼎和华表

图 2-25 南京中山陵祭堂

图2-26 南京中山陵祭堂角部的堡屋

建筑之四角堡屋形式，厚重敦实，重檐歇山屋顶下檐口之四角插入堡屋，从而形成一种既具有中国官式建筑屋顶形式特征，也糅合西式石构建筑气质的特殊建筑形式（图2-25、图2-26、图2-27）。

图2-27 南京中山陵祭堂重檐歇山顶与角部的堡屋之细部衔接

三是视线设计精巧。陵墓建筑在山坡上，用392级石阶相连，石阶中缀以8个平台，坡度逐渐加大，视角不断变换（由博爱坊望祭堂，仰角为9°，至碑亭望祭堂，仰角为19°），瞻仰者沿石阶拾级而上，仅见石阶而不见平台（图2-28），庄严肃穆之感油然而生；到达大平台，再回首俯视，仅见平台而不见石阶，如同平地，令人称奇（图2-29）。

四是建筑细部与彩画设计繁简得当，对于清官式建筑的造型原形如仙人走兽、旋子彩画等进行了适度抽象（图2-30、图2-31），色彩运用也颇为妥帖。祭堂原设计采用铜瓦，后因价格昂贵且易招窃，而与牌坊、碑亭等统一采用蓝色琉璃瓦，与中国传统陵墓建筑的色彩格调相吻合。

五是建筑形象寓意丰富。整个陵园总体布局和气质令人遐思，总平面呈一大钟形，"尤有'木铎警世'之想"（凌鸿勋语）；"适成一大钟形，尤为有趣之结"（李金发语）；"形势及气魄极似中山先生之气概及精神"（王一亭语）。"所指"本意简约，"能指"却缤纷多彩，其艺术创作可读性之强可见一斑。

南京中山陵的设计和建造，完全体现了吕彦直的建筑思想——用西方先进的建筑技术营造"中国固有式"建筑。陵门、碑亭、祭堂，台阶的基础以及墓室的地下、地面建筑，都用钢筋混凝土结构；斗栱、梁柱、屋面、牌匾这些"木构件"，也是用钢筋混凝土塑造的；而陵门和祭堂上的"木质"隔扇门窗用紫铜铸造（图2-32）。这些建造技术应用的成功之处在于：所有西方现代的建筑技术与建筑材料，都与中国官式建筑形式特征融合一体，宛若天成。

图 2-28 自南京中山陵下部石阶仰视祭堂

图 2-29 自南京中山陵祭堂前平台俯视下部石阶

图 2-30 南京中山陵祭堂屋顶细部:造型抽象、简化之后的"仙人走兽"

图 2-31 南京中山陵祭堂檐口细部:石制仿木柱、梁、枋及旋子彩画

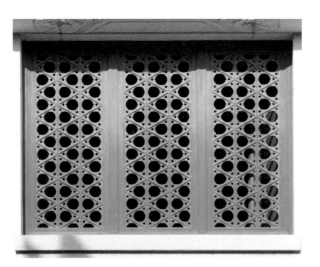

图 2-32 南京中山陵祭堂外墙细部：紫铜仿木槅扇窗

图 2-33 广州中山纪念堂外景

中山陵这一由中国建筑师第一次规划设计的大型"中国古典式样新建筑"之组群获得成功，对于运用历史元素进行新建筑设计产生了积极影响。以中山陵为标志，一时间国内各大城市"中西合璧"新建筑风起云涌，形成了中国近代建筑之独具一格的路向。中国著名建筑学家梁思成曾作如下评价："中山陵虽西式成分较重，然实为近代国人设计以古代式样应用于新建筑之嚆矢，适足于象征我民族复兴之始也。"[1]

案例2 广州中山纪念堂

中山纪念堂位于今广州市越秀区东风中路259号，1929年1月动工，1931年11月建成。总建筑面积12000多平方米，高57米，是广州近代建筑中的珍品，全国重点文物保护单位（图2-33）。

孙中山逝世后不久即已筹备在广州建造纪念堂，因时局动荡直至1927年初才正式成立"广州中山纪念堂筹建委员会"，由时任广东省政府主席的李济深主持。1927年4月，筹建委员会登报向中外建筑师悬奖征求中山纪念堂和中山纪念碑的设计方案。当时已受聘担任南京中山陵建筑师的吕彦直报名应征后，连夜绘成中山纪念堂建筑方案。5月中旬评选揭晓，吕彦直方案再次荣登榜首，并被筹委会议决采用为实施方案。遂聘请吕彦直主持建筑施工图设计，参加设计的还有两位结构工程师，皆为吕彦直在美留学期间的校友：李铿（清华学堂毕业，1916年赴美国康奈尔大学留学）、冯宝龄（上海工业专门学校土木工程学士，康奈尔大学研究院土木工程硕士），以及建筑师李锦沛、裘燮钧、葛宏夫等。1927年11月，上海陶馥记营造厂在中山纪念堂工程招标中胜出，以造价928985两规元银中标承建。

1　梁思成.中国建筑史.天津：百花文艺出版社，1998.354

1928 年 4 月，全部设计图纸绘制成功。4 月 23 日动工兴建。因经费不足而影响工程进度，迟至 1931 年 10 月 10 日才基本建成。

广州中山纪念堂与南京中山陵同样为"中国宫殿式"建筑。其屋顶用蓝色琉璃瓦，建筑总高度 57 米，建筑面积 8700 平方米，观众厅共有 4700 多个座位，其中楼座约 2200 个。[1] 全部采用悬臂式钢屋架，由跨度约 30 米的 4 个三角形桁架成 45° 相交，构成八角形攒尖屋顶，是当时国内跨度最大的会堂建筑。与之配套的中山纪念碑（又称中山纪念塔）高 37 米，共 12 层（图 2—34）。从塔底大门进入大厅，沿螺旋梯拾级而上可达塔顶，于此凭窗远眺，珠江横亘，气象万千（图 2—35）。塔与纪念堂之间，以 300 余级石阶相连，气势非凡，海内外人士曾誉为岭南最著名之建筑。

广州中山纪念堂较之南京中山陵而言，在建筑艺术特色上采取了更为"中国化"的策略，而技术上却采取了更为高效的结构类型——向着"中国古典式样新建筑"又迈进了一步。若比较二者外观，不难发现，除去覆以琉璃瓦的大屋顶，中山陵的祭堂、碑亭等建筑的主体部分是西方古典建筑的变体，有着石构建筑厚重而敦实的意象；而中山纪念堂则在外墙上给予仿中国木构之柱、梁、枋等以充分的关注，对于彩画的模仿也更为具象，使得整个建筑的外观与中国官式建筑的气质更为接近，或者说能够捕捉到木结构建筑的主要形式特征——由檐柱表征的立面开间、细部及其韵律（图 2—36、图 2—37）。

图 2—34 广州中山纪念碑仰视（华南理工大学赵芸菲 提供）

图 2—35 从越秀山顶鸟瞰广州中山纪念堂

---

1 杨永生 顾孟潮 主编. 20世纪中国建筑. 天津：天津科学技术出版社，1999.134

图 2-36 广州中山纪念堂外观仿木构的逼真做法（华南理工大学赵芸菲 提供）

图 2-37 广州中山纪念堂立面细部（华南理工大学赵芸菲 提供）

另外，该纪念堂观众厅上方之八角形攒尖屋顶使用的芬式钢桁架（Fink Truss）跨度达 30 米，创近代中国观演集会建筑厅堂空间跨度之最大纪录，并且也是利用钢桁架做成"中国固有式"建筑复杂的屋顶外观的一个典型案例（图 2-38、图 2-39、图 2-40）。其具体特点是：

1）四榀人字屋架（芬式钢桁架）置于八角形观众厅上方的八边矩形钢桁架所附着的剪力墙上，而钢桁架又向内出挑，承托八边形马道。

图 2-38 广州中山纪念堂重檐八角攒尖屋顶外观

图 2-39 广州中山纪念堂重檐八角攒尖屋顶内景

2）八边形屋顶由四榀芬式钢屋架呈中心对称相交，每榀钢屋架之间又架设小型的不等腰三角形钢架，利用其长斜边及大屋架锐角顶点连线共三根钢梁共同组成每一个三角形屋面的主要结构骨架，其上再铺设檩条。而两个不等腰三角形钢架之底边之间及其与芬式钢屋架下弦之间也加设剪刀撑，加强钢结构的整体性，最终形成一个非常复杂的空间化的屋架结构体系（图 2-41、图 2-42）。

与南京中山陵祭堂屋顶所使用的钢筋混凝土桁架相比，广州中山纪念堂钢桁架更为轻巧，结构效率更高，施工也更为方便。这首先要归功于主持项目的吕彦直的明智之选，也应与李铿、冯宝龄两位结构工程师的全力配合有着密切关系。正是从建筑形式更为中国化和建筑结构技术更为高效这两个角度入手，"中国古典式样新建筑"的设计理念获得了进一步诠释，也奠定了吕彦直作为"中西合璧"建筑开拓者之地位。

图 2-40 广州中山纪念堂重檐八角攒尖屋顶与楼座观众席（华南理工大学赵芸菲 提供）

图 2-41 广州中山纪念堂重檐八角攒尖屋顶的钢桁架结构

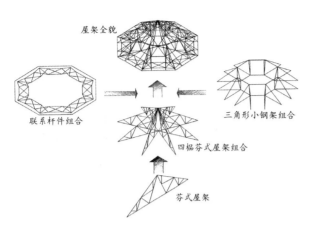

屋架全貌

联系杆件组合

三角形小钢架组合

四榀芬式屋架组合

芬式屋架

图 2-42 广州中山纪念堂重檐八角攒尖屋顶的钢桁架结构组合分析图

吕彦直有如此卓越的艺术设计才华与技术整合能力，与其家庭背景、学习工作经历和时代潮流息息相关。吕彦直（1894—1929 年），字仲宜，又字古愚，祖籍安徽滁州。1894 年生于天津，幼时喜爱绘画。8 岁丧父后随姊侨居巴黎，数年后回国，入北京五城学堂求学。曾受教于著名文学家、翻译家林琴南，学习中国传统文化和西方科学知识，这为他日后发扬民族文化，融会东西方艺术打下基础。1911 年入清华学堂（今清华大学前身）留美预备部，1913 年毕业后受"庚款"资助公费赴美留学。入康奈尔大学（Cornell University），先攻电气，后改建筑，接受西方学院派建筑教育。1918 年毕业前后，曾作为美国著名建筑师亨利·墨菲（Henry K.Murphy）的助手，参加南京金陵女子文理学院和燕京大学校舍的规划、设计，同时描绘整理了北京故宫大量建筑图案。1921 年回国，途中曾转道欧洲，考察西洋建筑。这一段求学经历为他在"中国古典式样新建筑"上的探索提供了高水平的跨文化专业知

识储备和有益的职业训练基础——天才并非真的是从天而降，而是从特定的文化土壤和背景环境中生长起来的。

2.3 南京国民政府与"中国固有式"建筑

1927 年以后的南京作为国民政府的政治中心，曾于短短十年内兴建了一批"中国固有式"建筑，其功能类型较为齐全，涉及纪念性建筑（谭延闿墓、国民革命阵亡烈士纪念公墓、中山陵藏经楼）；党政办公建筑（国民党中央监察委员会、铁道部、交通部、考试院）；科研文教建筑（中央研究院历史语言研究所、地质研究所、社会科学研究所、金陵大学图书馆）；博览建筑（国立中央博物院、国民党中央党史史料陈列馆）；体育和文娱建筑（中央体育场、励志社）；宾馆及官邸建筑（华侨招待所、小红山南京主席公邸）等，一时风起云涌，蔚为大观。之所以形成如此潮流，与《首都计划》的颁布有着密切关联。

1927 年 4 月 18 日，蒋介石正式建立"南京国民政府"。为加强城市建设管理，南京市政府于 1927 年 7 月成立工务局；国民政府于 1928 年 1 月成立"首都建设委员会"；2 月 1 日成立"国都设计技术专员办事处"，并于 1929 年 12 月公布了《首都计划》。当时，知识界回归中国传统文化的热潮方兴未艾，其原因有二：一是辛亥革命之后，要求建立独立自主的民族国家的民族主义思潮空前高涨；二是知识界经过对第一次世界大战的深刻反思，一方面由崇拜西洋文明转而怀疑之；

另一方面又希望从中国传统文化中寻找发展契机，谋求民族自尊、自信、自救与自强。在政治上的"民族主义"和文化界"保存国粹派"的双重影响及支配下，《首都计划》适时地对官方建筑形式作了专门规定，力主采用"中国固有之形式"，"而公署及公共建筑物尤当尽量采用"[1]。这种政策导向对当时南京以及上海、广州等其他大中城市的建筑设计产生了深远影响，从而形成了第二次世界大战之前"中国古典式样新建筑"的一轮高潮，其影响一直延至国民党政权退出中国大陆。

案例1 南京国立中央博物院

国立中央博物院（以下简称"央博"）是中国最早创建的现代博物馆之一，也是现南京博物院之前身，位于南京市中山东路321号（图2-43）。南京国民政府时期，"中国古典式样新建筑"设计几乎都以清官式建筑为蓝本，而唯有"央博"仿辽代建筑风格，其古朴庄严的形象与其他官方建筑大异其趣，其设计建造过程也具有强烈的戏剧性色彩。

1933年，以蔡元培为首的中国知识界精英倡议建造一座国家级博览建筑，当年4月成立"央博"筹备处，历史学家傅斯年为主任，地质学家翁文灏、人类学家李济和机械与矿冶学家周仁，分别负责自然、人文和工艺三个展馆的筹备。当年7月成立"央博"建筑委员会，委员长为翁文灏，委员有张道藩、傅汝霖、傅斯年、丁文江、李书华、梁思成、雷震和李济，其中张道藩、傅斯年、

图2-43 南京国立中央博物院大殿

丁文江三人为常务委员，梁思成为专门委员。"建委会"的职能是保管建筑基金、选择建筑地址、审定建筑计划、监察建筑工作等。1935年11月，教育部与中央研究院共同商定成立"央博"理事会，公推蔡元培为理事长。"建委会"和理事会通力协作，在很短时间内落实了建筑经费和建设用地选址与征地等工作。建筑经费来源有二：一是"管理中英庚款董事会"拨150万元，二是合作单位中央研究院拨付补助费。1935年4月，南京市政府批复划定半山园旧旗地100亩为院址，地块南临中山路，东邻老旗街，西邻规划中的通向总车站的城市干道；南北长468米，东西最宽处173米，西南角为平面呈矩形的"国民革命遗族学校花园"，故整块基地呈西南缺一角的"菜刀形"，由东南向西北渐低，高差近6米。这一"菜刀形"基地着实让建筑师们煞费苦心。[2]

随后梁思成亲自拟就《国立中央博物院建筑委员会征选建筑图案章程》，规定总建筑面积为275000平方英尺（约合25548平方米）；建筑形式在不妨碍"近代博物院建筑之需要，并力求朴

---

1 国都设计技术专员办事处.首都计划.南京：国都设计技术专员办事处，1929.35
2 李海清 刘军.在探索中走向成熟——原国立中央博物院建筑缘起及相关问题之分析.华中建筑，2001（6）：86

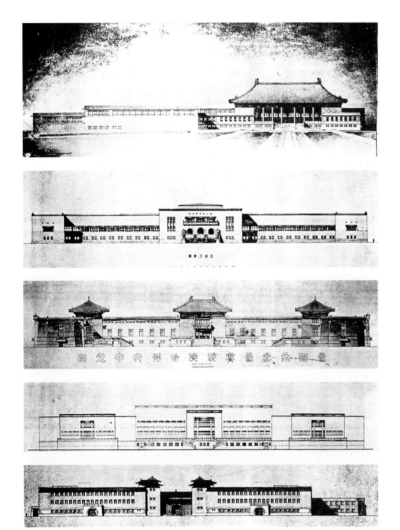

图2-44～图2-48 南京国立中央博物院方案竞赛获奖各案主立面图比较（按名次先后从上到下依次是徐敬直、陆谦受、杨廷宝、奚福泉、童寯的方案）

实及最大面积"的原则内，"须充分采取中国式之建筑"。《章程》还规定，方案征选不采用公开征集、自由报名方式，而是"敦聘中华民国国籍之建筑师十三人参加"（即邀请投标）。他们是：李宗侃、李锦沛、徐敬直、奚福泉、庄俊、陈荣枝、陆谦受、童寯、过元熙、董大酉、虞炳烈、杨廷宝和苏夏轩。除苏夏轩"辞谢"而未参赛外，其余12人皆按时交图。经由张道藩、杭立武、梁思成、刘敦桢和李济共计5人组成的"建筑图案审查委员会"详加审查，最终用不记名投票方式，选出徐敬直方案中标；陆谦受第二，杨廷宝第三，奚福泉第四，童寯第五[1]（图2-44～图2-48）。五个获奖方案中，有三个运用了"中国固有式"，而其中唯有杨廷宝方案为仿辽式。当时，身为中国营造学社法式部主任的梁思成尚未发现建于唐代的佛光寺大殿，已发现的最古老木构建筑为建于辽代的蓟县独乐寺观音阁。于是，梁"亲自把关"，指导徐敬直将方案由仿清式改为仿辽式。徐据此绘制了第一期工程施工图。

1936年4月江裕记中标为承造商，6月初动工兴建，后因抗战全面爆发，工程不得不于1937年8月底"暂行停工"，这一停就是八年！当时约已完成一期工程总量之四分之三。若非"抗战军兴"，再有半年即可完工。战争期间，日军在博物院设置防空领导机构，对已完成的部分工程大加改造，并破坏多处，损失严重。战后，业主希望江裕记营造厂继续做下去，但有着黑道及政

---

1 李海清 刘军. 在探索中走向成熟——原国立中央博物院建筑缘起及相关问题之分析. 华中建筑(J), 2001(6):86

治双重背景的陆根记营造厂（厂主陆根泉）通过国民党保密局长郑介民的干预，强抢这块"肥肉"。因国民政府忙于内战，建筑经费不能正常到位，加以陆根泉把主要精力用于宁沪之军事工程上，"央博"至1947年才完成大体轮廓，直到20世纪50年代初才得以陆续完成"人文馆"之全部工程，即现南京博物院之老馆。

在视觉景观方面，徐敬直案强调对称轴线及深远的空间层次，主体建筑远离中山东路主干道，留置宽敞的草坪、广场和绿化带，大殿之下设有宽大的三层平台，如此设计可以有效地烘托出主体建筑的雄伟高大。大殿仿辽代建筑，其裸露结构的布局和尺度多遵循宋朝的《营造法式》设计，而某些细部和装修兼采唐宋遗风（图2-49）。大殿七开间的建筑体量之屋顶形式为庑殿顶（四阿顶），上铺棕黄色琉璃瓦。陈列室设计采用现代博物馆策略，做成平屋顶，外墙加设中国古典的盝顶挑檐，使之与大殿风格协调。

比较当初的获奖方案（参见图2-44～图2-48），从上到下依次为第一至第五名。应不难读出其中的奥妙：1）有"大屋顶"比没有"大屋顶"更具竞争力；2）以此为前提，"大屋顶"尺度越大越有竞争力。再加上后来梁思成指导徐敬直将实施方案由仿清式改为仿辽式，还可以再得出第三条规律："大屋顶"的原型越古老越备受尊崇。这些都更为直观地说明了建筑形式的符号功能如此之强大，及其在特定历史条件下得到的进一步释放——其后果就是"现代建筑"显然不够资格"上位"。排在第四名的奚福泉直至抗战胜利后才有机会施展拳脚，在此案中的未尝所愿终于在南

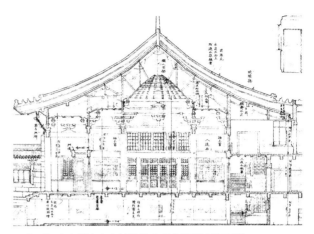

图2-49 南京国立中央博物院大殿剖面图（施工图）

京"国民大会堂"获得实现。这一有趣现象应非属巧合，而是既形象又深刻地反映了那一时期"中国固有式"建筑在知识界的巨大影响和政治上可资借力的根本实质，以及这些具体状况背后更为深层的民族审美心理：对于建筑的表意功能寄予了太多的期望。徐敬直的实施方案将仿清式修改成为仿辽式，梁思成授意并指导此番修改，从一个侧面反映了民族主义思潮投射于建筑设计领域的特点：只要是有利于将悠久灿烂的中国古代文明史与建筑史向前推进的考古发现，就要想方设法将其用于"中国固有式"建筑的设计实践，力图体现尽可能早期的中国建筑风格，借以弘扬中华民族传统文化精神，彰显中国文明的价值。辽式建筑于10～12世纪在中国北方形成，在继承唐代建筑传统的基础上也有所变化：造型诚朴雄浑，屋面坡度平缓，立面上的柱子从中心往两边逐渐加高并内倾（生起与侧脚），使檐部缓缓翘起，减弱大屋顶的沉重感。尤其是屋顶下简洁、粗壮

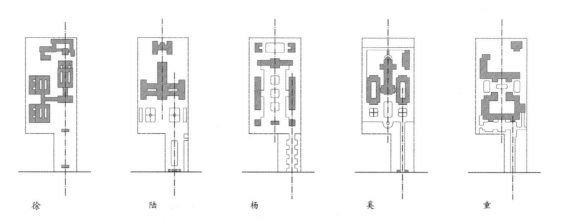

图 2-50 中央博物院方案竞赛获奖各案总图比较（按名次高低从左到右依次是徐敬直、陆谦受、杨廷宝、奚福泉、童寯的方案）

的斗栱，主要起结构受力作用，不像明清以来的建筑斗栱，装饰意味趋浓，结构性能渐弱——越古老就越高贵的价值观背后也潜藏着现代建筑结构理性的思维逻辑。1937 年 6 月 26 日黄昏时分，梁思成终于在五台山区的偏僻乡野找到了建于唐代的佛光寺。可以想见，如果梁思成早两年发现这一国宝，那么"央博"建筑设计范本一定会是佛光寺了！有更古老、纯正的"唐风"可仿，又何必去模仿外族主政的短命王朝的遗构呢？

国立中央博物院设计艺术的另一成功之处在于总体布局的高超效率和远见卓识。

首先，对于这样一个国家级大型公共建筑而言，如何利用"菜刀形"场地，营造庄严雄伟气势和政治纪念性是颇为棘手的难题。以简图方式比较（图 2-50），不难看出，徐敬直案正好在这一点上占有绝对主动权。除徐案以外，其余四案皆将院舍主入口和主要体量设置于"刀片"部之中轴线上，这样势必产生由中山路刚进入"菜刀形"场地之"刀把"部分时，视廊轴线向东偏离建筑轴线约 50 米的问题，难以看到因体量对称而形成的庄严雄伟之效果。无论在总平面设计上做何种轴线转换处理，都对减弱和消除这种不尴不尬的第一印象收效甚微。最典型的是童案，"正门入口处太欠庄严"。徐案则另辟蹊径，将院舍主体及其出入口置于"刀把"之中轴线上，将三馆置于北部和西部，突出了建筑主体与城市道路和场地入口间的对位关系，且兼顾分期建设与体块布局的内在关联。应当说"建委会"专家确实是慧眼独具，和另外四案"僵化对称"的总图格局相比，徐敬直案的"有机对称"之优势和远见，已为南京博物院 60 多年来的改扩建历程与对策所证明，尽管笔者并不赞同新近将大殿整体顶升的做法。

案例 2 上海特别市政府

原上海特别市政府办公大楼，位于今上海市杨浦区清源环路 650 号，建筑面积近 9000 平方米，现为上海体育学院办公楼（图 2-51）。

1929 年 7 月，国民政府成立"上海市市中心区域建设委员会"，主持编制《大上海计划》，并规划《大上海市中心行政区域图》，市府大楼拟设于五角场中心区。是年 10 月公开征集设计图案，叶恭绰、墨菲、董大酉、柏韵士等为评审专家。著名建筑师赵深提交的仿清官式建筑方案获第一名，惜因种种缺憾并未采用。"上海市市中心区域建设委员会"顾问建筑师董大酉根据获奖前三名方案重新设计六种总图，供委员会专家比选，赵深、巫振英、费立伯等前三名专家亦曾到场审查。最终形成实施方案，并由董大酉主持技术设计与建造。1931 年进行工程招标，朱森记营造厂中标承建，当年 6 月动工，市长张群主持奠基礼。工程进展至大半时，因"一二八"事变爆发而被迫中断，延至 1933 年 10 月 10 日方得竣工，耗资总计 75 万元。落成典礼当日为辛亥革命 22 周年纪念日，全市休假一天。中外来宾及民众十万余人在市府广场隆重集会，空军出动战机 9 架飞临典礼现场上空，以示庆祝(图 2-52)。时任上海市工务局局长的沈怡将一枚"上海市政府新屋落成典礼"的大铜章授予建筑师董大酉，铜章背面刻有："大酉建筑师惠存匠心独运沈怡敬赠"。1934 年元旦，市长吴铁城率各局官员迁入办公。1935 年 4 月 3 日，上海首届集体结婚典礼在此举行，成为当时上海市民社会活动之盛事。"八一三"淞沪抗战爆发后，大楼东南角曾受炮火损伤。上海沦陷后，市府大楼先后被占作日军驻地和汪伪市政府办公地。抗战胜利后，国民党市政府迁入原租界，原市府大楼改作国立体育专科学校。1949 年之后历经体专、华东体育学院之

图 2-51 上海特别市政府

图 2-52 上海特别市政府落成典礼

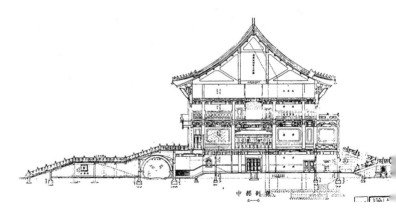

图 2-53 上海特别市政府剖面图

图 2-54 上海特别市政府细部之一：入口门罩

图 2-55 上海特别市政府细部之二：歇山屋顶山面

变迁，1956 年改名为上海体育学院至今。

上海特别市政府办公大楼建筑主体采用钢筋混凝土框架结构，"大屋顶"采用钢筋混凝土桁架结构（图 2-53）。建筑高四层，入口在第一层，有前后东西四门，设宽大楼梯间两处和电梯两座，直达四层。底层设传达室、保险库、接待室、食堂、厨房；二层为大礼堂、图书室、会议室；三层中部为市长及高级雇员办公室，两翼为各科室办公室；四层为公役休息处、储藏室、档案室、电话总机房。大楼各室均安装电扇和采暖用热水管道，冬季室内可达 22℃。各楼层均设厕所、盥洗间、消防设备。为当时中国技术上最先进的政府办公建筑之一。市府楼前有一片广场，为阅兵和召开市民大会之用。广场之南设一长方形水池，沿池设五孔牌楼一座，为市府大楼之表门；大楼东西两侧又各开一小池，池端各建门楼一座，为行政区域之东西辕门；广场两旁各置长廊，供展览美

图 2-56 上海特别市政府细部之三：旗杆基座

术作品之用。楼北建中山纪念堂，为公共集会场所。堂前立孙中山铜像，四周植树栽花，景色清雅。建筑外观做法借鉴了清官式建筑富丽雍容的特点，朱漆大柱，木制门罩，旋子彩画，琉璃瓦顶，斗栱、雀替、龙吻等一应俱全，甚至连室外的旗杆也精心雕饰（图2-54～图2-56）。室内设计也一以贯之地遵循中西合璧思路，如大餐厅采用了西式长桌和中式圆桌相结合的办法，钢筋混凝土梁柱均施彩饰并作藻井天花（图2-57），奢华之风尽显无疑。

上海特别市政府办公大楼在建筑艺术处理上有两个新尝试，一是屋面构造做法采用"卧沟"（图2-58）——在大屋顶大面积汇集的雨水经由檐口集中自由落水至室外地坪之前，通过"卧沟"收集并汇入暗藏于柱子两侧的内置排水管中（图2-59），去除了屋面落水对于大型公共建筑外廊空间尤其是入口空间附近人群活动的不利影响，

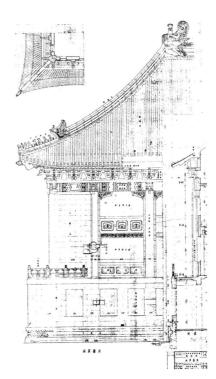

图2-58 上海特别市政府屋顶檐口排水"卧沟"的立面局部、墙身剖面和角部檐口仰视平面图

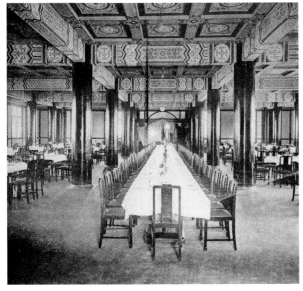

图2-57 上海特别市政府大餐厅内景

图2-59 上海特别市政府屋顶檐口"卧沟"内排水构造在檐柱根部的出口

图 2-60　广州中山纪念堂屋顶檐口的排水"卧沟"（近檐口边缘底瓦上的一排黑色洞口）

保护了地坪材料不至于长期遭受自由落体之雨水冲击而"滴水穿石"。惜因年久失修，"卧沟"现已为尘土堵塞，灌木丛生。这一做法当时仅限于在广州中山纪念堂（图 2-60）、南京国民革命军阵亡将士公墓纪念馆（"松风阁"）（图 2-61、图 2-62）、国民党内廷供奉机构"励志社"等重要项目中有所体现。

另一革新做法是变"栱眼壁"为采光窗，为了使大屋顶结构高度的空间发挥使用效能，必须在其外围护结构上开窗，以组织自然采光、通风。

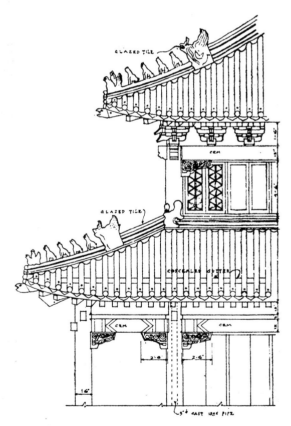

图 2-61　南京国民革命阵亡将士纪念公墓"松风阁"立面图局部，显示其屋顶檐口的排水"卧沟"（下檐口檐柱上方标注"GUTTER"者）

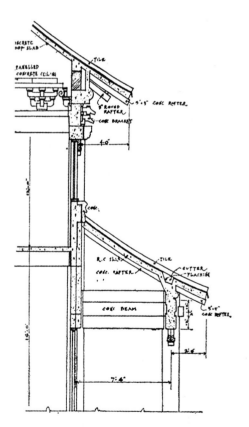

图 2-62　南京国民革命阵亡将士纪念公墓"松风阁"墙身剖面图，显示其屋顶檐口的排水"卧沟"（下檐口檐柱上方标注"GUTTER"者）

之前的设计大部分止于歇山顶博脊之上、排山勾滴之下的小块等腰三角形墙面上开窗，如金陵女子文理学院；甚至在正面坡屋顶上开设西式老虎窗，如岭南大学。前者采光深度极有限，后者在屋顶外观上远离了中国古典式样，皆有不足之处。而上海特别市政府办公大楼则在"栱眼壁"上动足脑筋，将其演变为连续的采光窗口，又不至于影响大屋顶的传统意蕴，构思不可谓不精妙。遗憾的是这些玻璃窗不能打开，并未兼顾解决自然通风问题（图2-63）。

案例3　南京国民革命军阵亡将士公墓

国民革命军阵亡将士公墓位于今南京市中山陵园灵谷寺景区内，2001年7月被列为全国重点文物保护单位（图2-64）。

1927年4月南京国民政府成立后，为安葬国民革命战争中的阵亡将士，告慰英灵，拟建公墓以志纪念。1928年11月，中国国民党中央执行委员会建议成立"建筑阵亡将士公墓筹备委员会"，由蒋介石、陈果夫、刘纪文、何应钦、林焕廷、熊斌、刘朴忱、李宗仁、邱伯衡等组成，着手筹办公墓建设事宜。经蒋介石等多次亲赴实地踏勘，决定以灵谷寺旧址作为基地，与中山陵、明孝陵三足鼎立，组成中山陵园的核心区域。同时，聘请美国建筑师亨利·墨菲主持公墓规划设计，后又聘请刘梦锡工程师为监工，梁鼎铭为艺术专员。公墓建筑群由上海陶馥记营造厂承建，1936年竣工，工程总造价92万元。

在总平面设计上，公墓沿南北向中轴线布局，由南至北依次为正门、牌坊、祭堂、公墓、纪念

图2-63　上海特别市政府檐下"栱眼壁"处的玻璃窗

图2-64　南京国民革命阵亡将士纪念公墓之正门

图2-65 南京国民革命阵亡将士纪念公墓"仁爱坊"

馆和纪念塔。其格局既参照中国传统陵墓的设计处理手法，又融入西式几何形绿地广场，且新旧建筑结合巧妙，不仅有对比，而且相互融合，形成了空间纵深富于变化的景观。

正门 系由原灵谷寺大门改建，将其扩大，上覆绿色琉璃瓦，下辟拱门三个，两旁各设守卫室，左右筑围墙与之相连。门上原有蒋介石手书"国民革命军阵亡将士公墓"匾额。

牌坊 入得正门后是一条青石铺砌甬道，甬道尽头石阶上为一钢筋混凝土结构的宽大台基，外饰花岗石。台基正中矗立着一座高约10米、六柱五间十一楼绿色琉璃瓦顶的仿清式石牌坊，钢筋混凝土结构（图2-65）。牌坊正反两面额枋饰以瓷质中国国民党党徽五枚；正间大、小额枋之间的垫板略事雕饰，其正面镌刻"大仁大义"四字，背面为"救国救民"四字，均为国民党元老张静江题写。其两侧各雕两朵梅花之五分花瓣图案，为民国时期国花。大、小额枋上均雕刻经简化之后的清式彩画图案，牌坊两侧各有一石虎，系陆军第17军赠送。

祭堂 利用原有无梁殿改建。无梁殿又名无量殿，因其中供奉无量寿佛而得名。该殿建于明代，重檐歇山顶，黏土筒瓦屋面，整个建筑全部用砖砌成，结构坚固，气势宏伟。1930年代建造国民革命军阵亡将士公墓时，按原样修葺，殿内改为祭堂。祭堂内有发券三个，共嵌石碑三块，中碑镌刻"国民革命军阵亡将士之灵位"，由张静江题写；西碑镌刻蒋介石手书北伐誓师词；东碑镌刻陈果夫手书祭文。祭堂四壁镶有110块青石碑，镌刻阵亡将士的姓名、阶衔，计3万余人。整个祭堂空间氛围庄重肃穆，堪称民国时期中国传统建筑适应性再利用之典例。

公墓 祭堂以北为第一公墓，建于灵谷寺五方殿遗址上(图2-66)。内辟蛛网状小路，分列大、中、小各式墓穴1600多座。墓地北侧墓墙东西两端，各立有一个纪念碑，分别是国民革命军第十九路军和第五军淞沪抗战阵亡将士纪念碑。第一公墓现改为花坛和草坪。第二、第三公墓分别在无梁殿东西各约1000米的山凹中，与第一公墓形式、面积相近。三个公墓总造价17万元，

由南京李新记营造厂承建。

纪念馆 在第一公墓正北面。9间重檐庑殿顶，上覆绿色琉璃瓦，钢筋混凝土仿木结构，上下两层，造价21.5万元。楼上、下两层空间遍设展柜，以陈列阵亡将士遗物或举办展览用。1949年以后该馆更名为"松风阁"(图2-67)。

纪念塔 在纪念馆之北约100米处有一八角形平面九层楼阁式塔，由墨菲和中国建筑师董大西设计，陶馥记营造厂承建(图2-68～图2-70)。塔基的八角形平台围以雕花栏杆，四面设石阶。塔前石阶正中为白色花岗石浮雕"日照河山图"，工艺精细。宝塔每层设八扇门，四隐四现，相间开辟。钢筋混凝土结构的塔身高约60米，由底层向上逐层收缩。每层设围廊和栏杆，便于游人高瞻远瞩。塔内正中有钢筋混凝土螺旋楼梯，塔顶及每层披檐均覆以绿色琉璃瓦。除顶层外，每一层内外墙壁都嵌有石碑，分别镌刻由国民政府诸政要题写的各类祭文。该纪念塔1949年之后

图2-66 南京国民革命阵亡将士纪念公墓及纪念碑

图2-67 南京国民革命阵亡将士纪念公墓之纪念馆"松风阁"

图 2-68 南京国民革命阵亡将士纪念塔

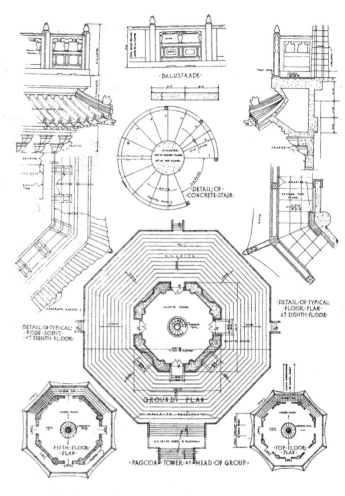

图 2-69 南京国民革命阵亡将士纪念塔平面图及细部

更名为"灵谷塔",并成为灵谷寺景区乃至钟山风景区的标志性建筑。

从建筑设计的艺术效果来看,纪念塔既有创新亦存缺憾。位于首层入口空间室内的彩画是民国时期"中国古典式样新建筑"中难得的珍品,其高妙之处在于对传统"原型"简化的程度恰如其分——去除"旋子"与其他主题性图案,仅保留"箍头"的几何形划分处理,视觉效果简洁而纯粹,有现代抽象画之意蕴而不觉生硬与唐突(图2-71)。与十几年前的金陵女子文理学院相比,墨菲对于中国官式建筑造型艺术之"原型"的理解和把握是有了长足进步的。但纪念塔设计也存在一个明显缺憾:剖面设计虽考虑了塔身墙壁内倾即"收分",但完全是一条直线,未能顾及"卷杀"的微妙变化,因此整个塔身轮廓相对僵硬,缺乏中国传统宝塔的灵动感。

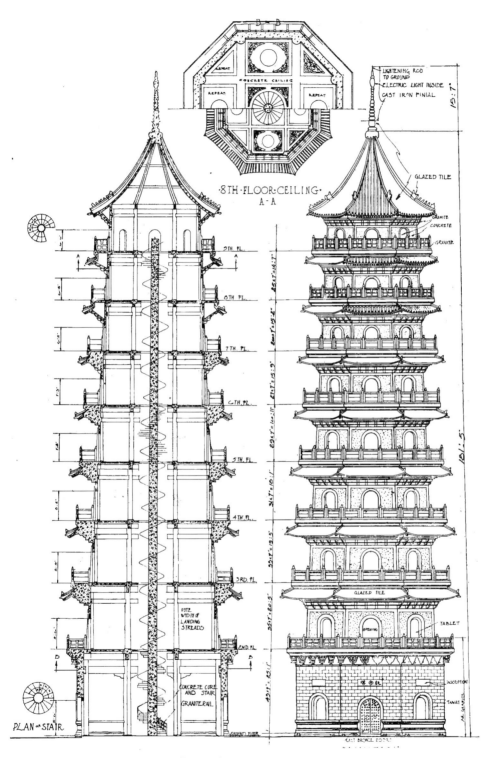

图 2-70 南京国民革命阵亡将士纪念塔立面图与剖面图

图 2-71 南京国民革命阵亡将士纪念塔首层内景

案例4 南京国立中央研究院

原国立中央研究院位于今南京市北京东路39号（原鸡鸣寺路1号），院内有中央研究院总办事处、地质研究所、社会科学研究所、历史语言研究所等科研办公建筑，2005年被列为全国重点文物保护单位（图2-72）。

国立中央研究院(1928年6月—1949年4月)是民国时期最高学术研究机构，直隶于国民政府。其任务主要是开展科学研究和指导、联络与奖励，下设行政、研究与评议三机构，并按学科分类设研究所，至抗战爆发前已有物理、化学、工程、地质、天文、气象、历史语言、心理、社会科学及动植物等十个研究所。除理、化、工三所在上海外，其余各所与总办事处均设于南京。"中研院"下设学术评议会为民国时期最高学术评议机构，1948年4月选举产生了第一届院士81人，同年底"中研院"向台湾搬迁，但当事人多消极回避。

81名院士中仅有不足20人迁台或滞留国外，其余均留在大陆。1949年10月，"中研院"留在大陆的各机构都被中国科学院接收。

中央研究院总办事处大楼现为中国科学院江苏分院、江苏省科技厅所在地，坐北朝南，面临城市道路，仿清官式建筑风格。大门两侧及围墙东侧共建有三座方形单檐攒尖顶警卫室，其风格与大楼一致。大楼建于1947年，由基泰工程司杨廷宝设计，新金记康号营造厂建造。楼高三层，建筑面积3000平方米，建筑主体采用钢筋混凝土结构，单檐歇山顶覆以绿色琉璃筒瓦，梁枋和檐口均仿木结构，施以彩画，外墙为泰山砖砌筑，花格门窗，建筑外观具有典型的"中国古典式样新建筑"特征（图2-73）。大楼建筑平面呈倒"T"字形，入口处建有二层门廊及装饰门套，经过穿堂来到后面突出部分，是一座三层书库；前楼西侧建有小型演讲厅，为学术活动场所；前楼采用

图2-72 南京国立中央研究院总办事处远景

图 2-73 具有"中国古典式样新建筑"特征的南京国立中央研究院总办事处

内廊式平面设计,内廊南北两侧为办公、科研用房。

　　总办事处院内其余主要建筑如地质研究所、历史语言研究所和社会科学研究所,皆建于1930年代抗战之前,高度2～3层,外观均采"中国固有式",技术上皆为钢筋混凝土结构,设计方均为基泰工程司杨廷宝。外墙上部多为清水砖墙,勒脚部分采用斩假石粉刷。

　　中央研究院这一建筑群中最为引人注目的当属总办事处大楼,它的体量较之另三座建筑更大,外观设计处理也更为富丽。其基本特点在于:

　　1)平面虽为十分简洁的倒"T"字形,但对于"中国古典式样新建筑"的最显著特征——"大屋顶"的组合穿插运用却出人意料地丰富:中央高耸部分采用单檐歇山顶(二层)再升起单檐悬山顶(三层),两侧较为低矮的一层部分干脆使用平屋顶,正中的南向入口空间采用"抱厦"做法,其上的单檐歇山顶分别和上述两组屋顶呈正交穿插,层次丰富。以山墙面作为主入口是西方古典建筑常见手法,在此处却和中国官式建筑的"抱厦"屋顶结合使用,颇具新意(图2-74)。

图 2-74　利用"抱厦"作为主出入口的南京国立中央研究院总办事处

2）立面的主体是无柱的砖墙，每一房间开一组两个窗洞，间以半砖垛，形成富有韵律的虚实相间的节奏感，并表征内部开间的面阔尺度，层间外墙设计成舒展的水平向"腰线"，在标高上与平屋顶部分的女儿墙形成连续交圈，皆用斩假石饰面，具有现代办公建筑简洁高效的外观特征。但这种现代感较强的外墙设计手法和古典形式的"大屋顶"结合使用存在着一定的困难，处置不当难免有生硬拼凑之嫌。建筑师的高明之处在于墙身与屋顶的衔接处——檐下的细部处理相当成功。外墙的顶部并未直接以外口平的圈梁收口，而是采用内收的圈梁并饰以彩画，其上按开间出单栱、挑檐檩及其梁头，这一内收的圈梁恰到好处地传递了柱头斗栱与梁、枋结合部的结构理性之神韵，也免除了外墙直冲檐下的尴尬，成为一种自然和谐的过渡与转换（图 2-75、图 2-76）。相对而言，较为早期的"中国古典式样新建筑"在这类细节上的处理多显稚嫩或粗糙。

3）细部装饰设计的精彩之处在于对传统要素"原型"之简化与抽象程度把握得恰到好处。

图 2-75　南京国立中央研究院总办事处墙身与屋顶接合过渡细部之一

图 2-76　南京国立中央研究院总办事处墙身与屋顶接合过渡细部之二

图 2-77　南京国立中央研究院总办事处屋顶细部：以云纹为母题、简化抽象之后的"仙人走兽"

图 2-78　南京国立中央研究院总办事处歇山屋顶空间利用：山面开窗采光

如戗脊的仙人走兽，全由简略的云纹构成，而不再是具象的人、兽图案，但在观看建筑全貌时，却颇得中国传统官式建筑之神韵（图 2-77）。

4）歇山屋顶山墙面博风板之下、博脊之上的墙面连续开窗，为结构高度范围内的空间提供自然采光，提高了空间利用率，形式上也非常新颖（图 2-78）。

总之，作为 1949 年之前的"中国古典式样新建筑"之尾声，中央研究院总办事处大楼在建筑艺术处理手法和效果上都比早期的同类作品有可观之改进，其"中西合璧"的现代转向已初现端倪。

2.4 大学校园建筑的别样探索

民国以还，现代高等教育逐步深入人心，大学校园建筑也逐渐兴起。20 世纪 20 年代之前基本上是教会学校建筑活动的活跃期，由此产生了第一批"中国古典式样新建筑"。北伐战争的胜利和南京国民政府的建立，推动了教会学校"收归国有"的进展。自 20 世纪 20 年代末开始，逐渐形成新一轮国立大学校园的建设热潮，其过程虽短暂，影响却不可小觑。在政治上，其建筑活动完全有条件由中国人自行主导；在专业技术上，中国第一批现代意义上的专业建筑师已崭露头角并多有斩获，具备承担设计建设工作的能力。然而事实远非如此干净利落——以武汉大学、中山大学和厦门大学为代表，前者之建设策划虽由李四光主办，但设计事务却聘请美国建筑师凯尔斯（F.H.Kales，1899–1979 年）承担；后者则完全是由非专业的业主陈嘉庚亲自出马，自行设计、监工，只依靠一些工程师和工匠之辅助，几乎不假专业建筑师之手；仅有中者在完全意义上由中国建筑师自行完成。加以"中国固有式"建筑的时代性需求，于是在建筑艺术方面出现了这三家大学校园颇具特色的别样探索。

图 2-79 国立武汉大学校园远景

案例1　国立武汉大学

原国立武汉大学校园位于今武汉市珞珈山麓，东湖之滨，现为武汉大学珞珈山校区。其校园选址可谓得天独厚——校区拥山滨湖，建筑设计也与当时流行的政府背景的大型公共建筑相对刻板的"宫殿式"风格不同，其西式建筑体量感中流露出"中国固有式"韵味的建筑群布局精巧，建筑风格独特，设计思想新颖，成为近现代中国大学校园建筑的典范，并于2001年6月被国务院公布为第五批全国重点文物保护单位（图2-79）。

1928年7月，在南京国民政府大学院（教育部）院长蔡元培的鼎力支持下，原武昌中山大学更名为国立武汉大学，经蔡元培提议，由地质学家李四光出任"国立武汉大学新校舍建筑设备委员会"委员长。为新校园建设，李四光和叶雅各等亲自选址、策划并筹资，聘请美国建筑师凯尔斯主持规划设计，缪恩钊为监造工程师，汉协盛、袁瑞泰、上海六合、永茂隆等营建厂分别承建。

1930年3月动工，1936年全部竣工。主要建筑有文、法、理、工、农等5个学院大楼和图书馆、体育馆、学生宿舍、教师宿舍、学生餐厅、俱乐部、实验室、工厂、校门（牌坊）、水塔等配套设施。校园占地3200余亩，建筑面积7万余平方米，耗资400余万元。

武汉大学校园建筑之美在海内外获得公认，其主要原因在于以下几个方面：

1）校园选址。李四光和叶雅各等议定的校址，不仅具有很高的自然景观价值，而且具有很高的人文景观价值。校园选址一方面参考国际著名大学校园的理想模式，另一方面也承袭中国古代书院选址重视"相地"的优良传统——取法"仁者乐山，智者乐水"之理念。于山清水秀处开办国家级高等学府，是将自然景观与人文景观进行优势资源整合的明智之举。

2）校园规划。凯尔斯不愧为麻省理工学院建筑系出身的英才，他根据珞珈山的地形、地貌和现代高等教育的需求，融中、西建筑文明为一体，打造出校园规划的鲜明特色——校园建筑按各自

图 2-80 国立武汉大学工学院主入口

图 2-81 国立武汉大学工学院后部

图 2-83 国立武汉大学学生斋舍入口细部

图 2-82 国立武汉大学学生斋舍一角

图 2-84 国立武汉大学学生斋舍剖面设计结合地形的巧妙构思

功能，相对分散并呈放射状布置，同时注重结合地形，因山就势（图 2-80、图 2-81、图 2-83），建筑组群在保持高度整体性之前提下不乏有序变化。其关键点在于充分利用一块由狮子山、火石山和小龟山所围合的三面环山、西向开口的小型盆地，布设校区下沉式中心花园和运动场，再依凭三面山势设置主体建筑和配属建筑[1]——形成

---

1 李传义. 武汉大学校园初创规划及建筑. 新建筑, 1982 (3)：40

图 2-85 国立武汉大学体育馆外景

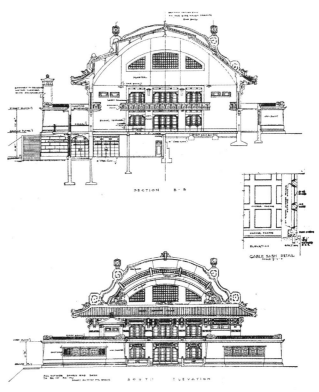

图 2-86 国立武汉大学体育馆剖面图与侧立面图

"轴线对称、主从有序、中央殿堂、四隅崇楼"的总体格局。这些建筑在多变的地形标高中互为对景，互为观照，扩展并丰富了自然环境的空间层次，正所谓相得益彰。

3）建筑设计。武汉大学的校园建筑单体设计在布局上依山就势，楼层标高富于变化，如学生斋舍（图 2-82、图 2-84）；在空间氛围创造上敢于尝试新概念，如工学院中庭玻璃采光顶所形成的共享空间；在建筑技术方面积极采用与具体的空间功能要求相匹配的、先进的新做法，如体育馆采用钢制三铰拱结构（图 2-85 ～ 图 2-88）、

图 2-87 国立武汉大学体育馆正立面图

图 2--88 国立武汉大学体育馆使用三铰钢制拱架内景

图 2--90 国立武汉大学图书馆屋顶细部

图 2--89 国立武汉大学图书馆

图 2--91 国立武汉大学理学院一角

图书馆采用钢筋混凝土框架与组合式钢桁架结构等。这些新空间概念、新结构、新材料和新技术当时在国际上有些还处于探索中，有些虽已成熟但在中国尚属鲜见，却已成功运用在武大校园建筑中。不仅如此，在建筑形式与外观方面，武大校园建筑还将中国古典式样的"大屋顶"与西方古典建筑的穹顶形式加以结合，立面上多采用"三段式"手法，建筑主体部分又借鉴中国官式建筑城门、台基的意象以及西方古典石构建筑外墙开

图 2--92 国立武汉大学理学院细部

窗之比例、尺度，而室内外的细部装饰也多运用中国传统木构建筑做法为"原型"并加以简化或变通（图2-89～图2-92），这就不仅使其校园建筑在格调和形式趣味上具有中国木构建筑的某些特色，而且也具有西方石构建筑的神韵，从而比中国传统建筑更新颖，其"中西合璧"的特色更鲜明，在近代中国大学校园中无出其右者。

案例2 国立中山大学

国立中山大学新校园建于1930年代，现为华南理工大学与华南农业大学石牌校址，2002年被公布为广州市文物保护单位（图2-93）。1924年初，孙中山即以陆海军大元帅名义下令创办国立中山大学——是华南地区首家由国人自办的多学科大学，并迅速发展成为学科较齐全、规模较大的综合性大学。遵照孙中山遗嘱，1932～1937年间又规划建设了中山大学石牌新校园，至抗战爆发时，新校园已基本建成，其规模、

图 2-94 国立中山大学文学院（华南理工大学赵芸菲 提供）

设施与建筑均广受赞誉。

中山大学的建校计划自戴季陶于1927～1930年任校长期间即已着手，但未能落实。后又与建筑师杨锡宗共拟了借鉴中国古代"辟雍"形制的校园规划[1]，戴还认为校园建筑应以坚固、实用为主，并率先建设大礼堂、图书馆及博物馆。因资金困难，新校园建设延至1932年邹鲁再次出任校长才开始。借助粤地经济发展大势，邹鲁争取其时在当地主政的陈济棠和社会各

图 2-93 国立中山大学西校门现状（华南理工大学赵芸菲 提供）

图 2-95 国立中山大学法学院（华南理工大学赵芸菲 提供）

---

1 郑力鹏.中国近代国立大学校园建设的典范——原国立中山大学石牌校园规划建设.新建筑，2004（6）：64～67

图2-96 国立中山大学农学院农学馆(华南理工大学赵芸菲 提供)

图2-97 国立中山大学理学院生物地质地理教室(华南理工大学赵芸菲 提供)

界的支持,建校计划终获实施。校园规划在原方案基础上有所调整,工程分三期进行。一期工程规划设计者主要为杨锡宗,二期为林克明,三期为余清江,邹鲁等具体参与规划设计全过程并主导之。至1938 年日军占领广州前,在短短六年时间内初步完成了校园建设计划。惜因战乱,大礼堂和博物馆等重要建筑均未兴建,图书馆则刚刚开工。中山大学石牌校园建设迄今已历70余年,在选址和规划设计方面的鲜明特色仍得以保存:

1. 校园建设选址考虑长远,结合自然山水塑造人文景观,体现传统文化思想

国立中山大学石牌校园选址在广州白云山以东之丘陵地带,其核心区距广州市中心约10公里,南临珠江三角洲平原,初为一片荒山,后作为农学院第二农场,面积约 180 公顷。1928 年广州市政府又拨给相邻荒地约 400 公顷,至 1936 年校区扩大到 806.7 公顷[1]。于此建校,可不占农田、投资少,为学校建设和长远发展提供了足够的空

间资源,至今仍有可供建设用地。近年各地高校因城市中心用地紧张和"扩招"、"合并"之风盛行,纷纷在远郊建设庞大新校区,甚至不惜举债度日。与此相较,中山大学石牌校园建设选址的战略性思考益发体现出决策者的深谋远虑之功。

此外,石牌校园地处丘陵,若不注重因借地形,则不但有违山水之胜,还将因土方工程靡费过巨而难以实现。在校园建设过程中,不仅取消了 1930 年版总体规划中不适应地形的钟形路网,且不断调整建筑布局以适应地形——建筑和道路皆因山岗之势,形成南北走向、左中右三条地形轴线。在难以平整的谷地,筑堤蓄水成池,一系列尺度不同、形状各异的水体形成东西走向的"水系"。由此,将原先的丘陵荒山巧妙变幻成"冈峦起伏,池沼荡漾"的山水校园。

由于国立中山大学是华南地区第一所由国人自办的综合性大学,1932 年初石牌校园开建之时,正值日本加紧侵华扩张之际,民众爱国热情高涨。

---

1 郑力鹏.中国近代国立大学校园建设的典范——原国立中山大学石牌校园规划建设.新建筑,2004 (6):64~67

校园规划同样受民族主义思潮影响，力求体现中国传统文化，营造"中国式的大学校园"。如校园中心区贯以南北中轴，农学院居此轴北端首要位置，体现"以农为本"；其他学院对称分布于轴线两侧，东为文学院和理学院，西为法学院和工学院，附会"左文右武"传统；大礼堂居中，图书馆与博物院分列左右，实验农场、林场分布于校园中心区左右两侧。主要建筑皆采用"中国固有式"（图 2-94 ～图 2-98），校园各片区、山峦、池沼和道路，按相应方位，以中国各省份、名山、大湖之名命名等。

2. 建筑设计强调民族传统复兴与西方现代科学技术的融合

校园建筑主要规划设计者多为留学回国的中国建筑师，其中杨锡宗（1889—？）留美，与吕彦直一同就学于康奈尔大学，曾获南京中山陵设计竞赛第三名；林克明（1900—1999 年）留法，曾任广州中山纪念堂的工程顾问，是广州市图书馆和广州市政府合署办公楼的中标者和设计者；而余清江（1893—1980 年）并无专业学历，设计事务所学徒出身，属自学成才，毕生勤勉自励，成就斐然。三位主创建筑师虽学习背景各异，却拥有共同的设计思想：在关注复兴传统建筑的同时，汲取西方现代建筑设计理念、采用现代建筑技术和材料，探索传统与现代的结合，以适应时代发展和新功能的需要。主要建筑采用"中国固有式"，以弘扬中国的传统文化。其他建筑形式较简洁，多取西方现代建筑之法度，有主有次，融中西不同风格之建筑于一校之中。各建筑设计注重功能合理、经济实用，普遍采用钢筋混凝土

图 2-98 国立中山大学体育馆（华南理工大学赵芸菲 提供）

图 2-99 入口雨棚效仿西洋古典柱式的国立中山大学文学院（华南理工大学赵芸菲 提供）

框架结构、钢屋架或混凝土平屋顶、钢窗等当时较先进的建筑材料和建筑技术。以文学院建筑（现为华南理工大学公共管理学院）为例，其平面形态简洁规整，外墙设连续的水平向挑檐，若非笼罩在建筑主体上的绿色琉璃瓦歇山"大屋顶"，难以想象这些不是一幢现代建筑的细部。更具戏剧效果的是，入口三开间门廊效仿西洋古典柱式，上覆厚重的平屋顶女儿墙，其压顶又转而采用绿

图2-100 入口雨棚女儿墙压顶采用琉璃砖的国立中山大学文学院（华南理工大学赵芸菲 提供）

色琉璃砖，完全是"中西合璧"的设计意图（图2-99、图2-100）。只是与校园内其他主要建筑（甚至包括武汉大学和厦门大学校园建筑）相比，此楼设计手法生硬拼接之感较明显。也正因如此，才说明"中西合璧"设计之难点所在。

案例3 厦门大学

厦门大学早期校园建筑位于厦门岛南端，今为厦门大学校本部（图2-101、图2-102）。2006年由国务院公布为第六批全国重点文物保护单位。其创办者与设计者为著名华侨陈嘉庚。

1874年陈嘉庚出生于厦门集美，17岁随父到新加坡学习经商，历经20多年苦心经营，成为在南洋各埠声名显赫的大实业家。辛亥革命成功后，陈嘉庚怀抱"教育为立国之本，兴学乃国民天职"之信念，于1912年回乡，开始其兴学报国艰辛历程。1919年，他开始筹办厦门大学，认捐开办费和常年费。1921年4月，厦门大学初步建成并正式开学。至1936年已拥有文、理、法3个学院9个系。抗战期间，厦大成为日军兵营，校舍受到严重破坏。抗战胜利后，部分校舍得以修复，后又遭内战炮火之损毁。1949年底，陈嘉庚决定重建集美学村并扩建厦门大学。1950年初，陈嘉庚将其在海外的企业全部变卖，所获资金带回国内，全部投入学校建设。至1960年底，除全面恢复战争创伤外，还兴建了大量新校舍，厦门大学总体建设基本完成。

厦门大学校园建筑形式演变可分为三阶段。

图2-101 山顶俯瞰厦门大学

图2-102 海上望向厦门大学

一是 1913～1916 年早期阶段。其校舍建筑图纸全从新加坡带回，承袭南洋殖民地风格的"外廊样式"以及西方古典主义建筑形式（图 2-103）；二是 1916～1927 年的扩大发展阶段。这一时期建设资金雄厚，加以早期校舍建筑经验的积累，给建设选址及建筑布局带来更大的施展空间。其校园规划善于利用环境突出建筑气势，重视组团布局。在建筑形式上，出现中式屋顶与西式屋身相结合的"中西合璧"式（图 2-104、图 2-105）；三是 1950～1960 年"嘉庚风格"建筑最后定型

以建于 1951 年至 1954 年的建南楼群为例，它由成义、南安、南光、成智四楼和建南大礼堂共 5 幢建筑组成（图 2-107）。楼群建于演武场东南角山冈上，沿山势呈半月形布局，中式风格的建南大礼堂居中，其余 4 座西式风格建筑分列两侧，且平面形态和布局基本相同，均为 3 层，内廊式布局，石木结构，墙体为花岗石砌筑，楼面为木结构上铺红色斗底砖。两坡顶铺红色机平瓦。山墙开拱形窗，角柱作"出砖入石"装饰。建南大礼堂前部为门楼，后部为礼堂主体，石

图 2-103 厦门大学学生宿舍芙蓉第一楼

图 2-104 厦门大学群贤楼正面

阶段。这一时期，校舍规划及布局更为注重因地制宜，中式大屋顶与西洋式屋身组合的建筑形式成为"嘉庚建筑"的基本特征（图 2-106）。总体上看，"嘉庚建筑"的主导思想是：将西方建筑形式与中国传统建筑形式及其营造技法加以有机糅合，单体建筑形式采用西式屋身和中式屋顶相结合的手法。在组群布局中，必以中式大屋顶建筑为中心，西式屋顶建筑为从属，中心建筑较辅助建筑体量更高大、气势更宏伟。

图 2-105 厦门大学群贤楼侧视

图 2-106 厦门大学建南大会堂

图 2-107 厦门大学建南楼群

叠合与融通——近世中西合璧建筑艺术

木结构。门楼共4层,建筑面积近5600平方米。屋顶为双翘脊重檐歇山顶,脊吻呈燕尾形,屋面铺绿色琉璃瓦。山墙及屋檐下作闽南传统的灰雕泥塑及木雕垂莲柱装饰。一层入口五开间门廊矗立着4根爱奥尼柱(图2-108),廊后为花岗石砌筑的三开间厅堂,立面套嵌精雕细琢的辉绿岩"门贴脸",设三道紫红色对开大门。礼堂为单层,西式两坡顶,铺红色机平瓦。该建筑群系嘉庚建筑的精品和代表作,也是厦门大学的标志性建筑。

令人叫绝的是:陈嘉庚的行事风格以亲力亲为著称——不仅亲自规划设计,且亲自指挥工程进展,检查工程质量,有"超级总工程师"之誉。投资人或曰业主亲自设计并投身监工,这倒不是空前绝后的孤例。建造是人的本能,陈嘉庚对于营造理想的教学环境抱有浓厚兴趣且斥下巨资,趁机过一把运筹帷幄的"总导演"之瘾是顺理成章的——至少也算是"建筑票友"。其关键之处在于:和之前的"中国古典式样新建筑"在建筑形式上取法沉稳敦实的北方官式建筑之"原型"存在明显分野,陈嘉庚虽然也钟爱"大屋顶",但其原型却是闽南传统民居的屋顶式样,屋脊与檐口皆由中心向两端逐渐起翘,形成明显弧线,脊吻为造型纤巧柔美的线形花饰,使其成为具有闽南地域特色的"大屋顶"(图2-109、图2-110)。当这些来自民间的细部做法和使用频率较高的机制平瓦无举折屋顶、相对厚重的石砌墙体以及西方古典建筑的柱式共同呈现在视野中时,一种穿越时空的奇妙效果油然而生。而其集仿主义之本质并未让它俗艳不堪,依旧渗透着高等学府的书卷之气。其秘诀恐怕在于材质与色彩的相对简约。

图2-108 厦门大学建南大会堂入口柱廊

图2-109 厦门大学建南大会堂屋顶组合细部

图2-110 厦门大学群贤楼屋角细部

作为非专业人士，陈嘉庚的乡土意识、艺术品位和设计水准是超乎寻常的。厦门大学的早期校园建筑也因"中西合璧"的地域性灵韵而成为中国近现代校园建筑的奇葩。

2.5 新中国："社会主义内容与民族形式"背景下的"大屋顶"

随着中华人民共和国的成立和国民党政权退据台湾，中国历史翻开了新纪元。但政权上的更替并不能确保在文化上就能够一夜之间旧貌换新颜——孕育"中西合璧"建筑的大时代背景并没有发生根本性的改变。由于新中国采取全方位"一边倒"外交政策，斯大林治下的苏联在建筑文化方面开发出"社会主义内容与民族形式"的理论逻辑以及基于"布杂"（Beaux）底蕴的折中主义创作思路所产生的示范效应颇为显著，其缘由恐怕不得不归咎于中国建筑活动的当事人在"冷战"这一特殊历史时期所抱有的强烈民族主义思想发

挥了难以估量的"功率放大器"之作用。有趣的是，1949年之后，海峡两岸的中国人虽长期处于内战尚未完结之下的敌对状态，但这并不妨碍在民族主义层面取得某种一致性，或曰不谋而合。甚至从一定意义上讲，两岸正是从谁才是正统中国文化的代表和民族进步之象征的角度展开了一场全方位的竞赛，且在建筑活动方面所采取的实际做法是惊人的相似，所不同的是作为理论支撑的意识形态及其话语体系。而从苏联引入的"社会主义内容与民族形式"文艺理论之中的"民族形式"则轻车熟路地与"中国固有式"实现了"国际接轨"——"中西合璧"之"西"虽粗糙地与"帝国主义"、"资本主义"画了等号，但伴随着其华丽转身为"社会主义内容与民族形式"，其潜在的政治风险似乎也就自行化解了！

在时代巨变之际，以梁思成、刘敦桢为代表的中国建筑史学者和杨廷宝、赵深、陈植等为代表的大批著名建筑师选择了新中国，这就使得大陆在这场竞赛中占据了一定的人才资源优势。从

百废待兴的战争创伤医治期开始，"中国古典式样新建筑"得以成批设计、兴建，终于在新中国成立十周年之际达到高潮。以1953年建成的重庆人民大会堂为重要开端，以建国十周年前后的北京大型公共建筑诸如北京民族文化宫、北京火车站、全国农业展览馆、四部一会办公楼、友谊宾馆以及南京的华东航空学院教学楼等为标志性成果，中国建筑师在"民族形式"探索方面，尤其是超大跨度空间结构及高层建筑结构与传统屋顶形式如何结合、大规模建筑群体如何运用传统的屋顶形式以及建筑细部装饰如何适应时代变化和具体建筑用途等诸多方面进行了一系列带有创造性的尝试。

案例1 重庆人民大礼堂

重庆人民大礼堂位于重庆市人民路学田湾，由张家德建筑师主持设计，建于1951～1953年。初名"中苏大楼"，后更名为"西南行政委员会大礼堂"，1955年改为现名。大礼堂占地6.6万平方米，建筑面积2.5万平方米，分礼堂、南楼和北楼三部分。其中礼堂占地1.85万平方米，高65米。大厅高55米，内径46.3米。正厅内设大型舞台，四楼一底共5层观众席，计4200个座位。建筑艺术方面，礼堂主体部分的圆形三重檐攒尖顶取北京天坛祈年殿之意象，而入口部分又效仿城门楼阁之形式，配以廊柱式的南、北二楼，绿色琉璃瓦顶和大红廊柱，加以三间七楼的牌坊式大门，其建筑总体布局和谐，雄伟壮丽，堪称"中西合璧"建筑之典范（图2-111）。

新中国成立伊始，作为大西南的政治经济文化中心，重庆缺乏必要的接待设施。尽管财政困难，主政者还是果断决定立即筹建一座能容纳数千人的大礼堂，并附建招待所。1935年毕业于中央大学建筑系的张家德建筑师（与著名建筑师张开济是同班同学）主持了该项目的设计工作，并于1951年动工，1953年落成。

大礼堂建筑艺术的"中西合璧"之精妙处在于，在构图形制和建筑布局方面取法西方折中主义建筑，而在形式语汇和细部处理上又吸取中国古代木构建筑之特点，建筑技术方面则大胆采用角钢杆件做成的网架穹顶，多重因子优化组合而成为"高端折中"——这正是"布杂"的精髓所在。

首先，中国古代木构建筑因受木材自身性能局限，建筑单体的体量有限。该礼堂设计吸取了古代建筑的成功经验，不仅利用地势的高低起伏组织主要建筑体块，且借助水平向伸展的宽大坚

图2-111 重庆人民大礼堂外景

图 2-112 重庆人民大礼堂入口牌坊

图 2-113 主体建筑结合地形的重庆人民大礼堂

图 2-114 配属建筑结合地形的重庆人民大礼堂

实的台基加以烘托，取得了宏伟壮观的艺术效果（图 2-112～图 2-114）。不仅如此，该礼堂还成功吸取了中国古代木构建筑的另一设计特点，即以简单单体组成复杂群体——以建筑围合成的院落为单元，通过轴线控制和空间序列之组织，构成富于变化的建筑组群。

其次，大礼堂在视差调整、尺度比例把握和细部处理等方面的设计手法十分精道，体现了扎实的基本功。其主厅部分虽效法天坛祈年殿采用三重檐圆形攒尖顶，但为了与大型观众厅的网架穹顶结构高度相适应，在高宽比例的控制上并未刻意使其高耸，而是更为宽阔和舒展，重檐屋顶的三层檐口之间的距离较祈年殿在节奏上显得更为紧凑，使得整个建筑主体显得更为丰腴和稳定，塑造出政治集会性厅堂建筑的庄重之美。水平向伸展的"大屋顶"曲线柔和，微翘的飞檐使本来可能下坠的"大屋顶"反生向上托举之感。在材质色彩搭配上，礼堂的琉璃瓦顶、大红廊柱和白色栏杆，色彩鲜艳且对比强烈，显示出新政权自信、向上的精神面貌（图 2-115）。

不难想见，大礼堂的建筑施工难度很大。施工方在缺乏大型塔吊和起重设备的不利条件下，采用"堆积法"，用数万根楠竹、木板搭起脚手架，把总重量为 280 多吨、结构高度约 1 米、由 40000 多颗铆钉连接而成的 36 个单元的角钢双层网架结构穹顶支撑在混凝土柱上，其任务之艰巨、工程量之浩大都是空前的（图 2-116、图 2-117）。

由于对建筑形式的关注度过高以及其他方面的原因，使得该项目在技术性能方面也存在一些不足，如因混响时间过长而音效不佳、"檐步"出挑过多而导致结构构件开裂、装修工艺较粗糙等，经过近年的大规模维修改造，这些问题都已获解决。总体上看，瑕不掩瑜，重庆人民大会堂仍不愧为新中国时期"中西合璧"建筑之重要的开拓性成果。

图 2-115 具有积极向上气质的重庆人民大礼堂主厅部分的细部

图 2-116 重庆人民大礼堂主厅部分内景（重庆大学覃琳 提供）

图 2-117 重庆人民大礼堂主厅使用的角钢双层网架结构穹顶及其吊顶 (重庆大学覃琳 提供)

案例2 北京民族文化宫

民族文化宫坐落在北京市长安街西侧，建成于 1959 年 9 月，是北京著名的首批"十大建筑"之一（图 2-118）。建筑总面积 32000 平方米，主楼 13 层，高 67 米，东西两翼裙楼环抱，中央展厅向北展开，飞檐屋顶冠以孔雀蓝琉璃瓦，楼体洁白，塔身高耸。整个建筑端庄别致、富丽宏伟，具有独特的"中西合璧"艺术韵味。

1951 年毛泽东主席亲自提议建一座民族文化宫，不但象征各民族大团结，且可作为来京公干的少数民族同胞的活动中心，延至 1954 年有关部门终于决心着手进行建设筹备，由著名建筑师张镈主持建筑设计。业主方面一开始的想法是给民族文化宫"设计一个能体现出民族特色的大屋顶"，但当时全国正在开展"反贪污、反浪费、反官僚主义"的"三反运动"，建筑师担心"大屋顶"有"浪费"之嫌。还是周恩来总理听取方案汇报之后支持采用"民族形式"，方得一锤定音。

民族文化宫的建筑艺术效果具有继往开来的历史地位，其缘由恐怕主要在于：除建成于 1937 年的上海中国银行总行首开高层建筑引入"中国古典式样"以外，直至 20 世纪 50 年代初期，在全国范围内都很难找到可以参考援引的其他成功先例。正因如此，建筑师必须具备足够的想象力，去尝试新的设计思路与手法；同时也必须具备足够的胆识，因为这个项目的政治意义远远超出了中国银行办公大楼：一是在国际上，新中国需要树立自己的政治文化建筑形象，定位必须准确；二是在国内，必须考虑多民族国家之民族事务复

图 2-118 北京民族文化宫外景

杂的历史与现实状况（当时建设民族文化宫的目的之一就是为了给达赖喇嘛和班禅大师在北京提供一个合适的下榻之所），同时也要考虑其他各民族人民的心理感受。事实证明，建筑师较好地把握了在上述因素之间的平衡。

首先，位于主楼上部的重檐四角攒尖顶的方亭是画龙点睛之笔，高屋建瓴地统领全局（图2-119）。为纠正视差，其立面设计（在图面上看）的比例是高耸的，似乎很不匀称，但在中观和近观仰视时的比例却恰到好处，显示出建筑师深厚的视知觉研究素养和高超的设计处理能力。

其次，高层塔楼的主体部分，其立面设计巧妙地考虑了办公空间的采光需求与开窗设计处理相结合，外墙上连续的窗洞和上部连成一体的花檐是一种迥异于之前国内任何高层建筑的特殊处理，其明快的节奏和细致的线脚使得高层建筑立面设计同样远观有势、近观有形，言之有物。更有意味的是：其虚实处理和开窗节奏似乎能够隐约使人品味出藏族碉楼之灵韵（图2-120～图2-122）。

再次，屋顶以及花檐使用的孔雀蓝琉璃瓦颇具少数民族风情，却在明清官式建筑中难以找到踪影。这又是建筑师站在尊重少数民族情感，促进民族团结的高度做出的智慧之选。当然，煞费心机的设计，如果没有相关材料供应，也难免成为无米之炊。而当时国产琉璃瓦常见的无非黄、绿二色，极少数蓝色瓦也是颜色偏冷的深色系列，色彩单调。为此，筹建处负责人张西铭专门拜访江苏宜兴琉璃瓦厂，厂内老师傅找到一块孔雀蓝琉璃瓦样品，正是想象中的颜色。于是就着这块

图2-119 北京民族文化宫高层塔楼顶部的重檐攒尖方亭

图2-120 北京民族文化宫高层塔楼外观

图 2-121 北京民族文化宫裙房转角处理

图 2-122 北京民族文化宫主体底层出入口细部

琉璃瓦敦请工厂做了成分解析，又找老师傅按配方烧出样品来，然后才按照这个颜色来成批量烧制民族文化宫屋顶的琉璃瓦。一座建筑艺术丰碑必须是如此这般执着才能铸成。

案例 3 北京火车站

北京火车站（简称北京站）现址为东城区毛家湾胡同甲 13 号，位于东便门以西，东单和建国门之间长安街以南，东临通惠河，西倚崇文门，南界为明代城墙遗址（图 2-123）。北京站建筑方案设计者为时任南京工学院建筑系教授兼系主任的著名建筑师杨廷宝、北京工业建筑设计院的

陈登鳌以及南京工学院建筑系教师张致中（图2-124）。北京站于 1959 年 1 月 20 日开工兴建，9 月 10 日竣工，9 月 15 日开通运营。其总建筑面积近 88000 平方米，其中站舍大楼为 46700 平方米，规划日客流量约 20 万人，每小时旅客最高集结量 14000 人，铁道 12 股，日发车约 200 对，是当时中国最大的铁路客运站。北京站建筑雄伟壮丽，浓郁民族风格与现代建筑技术和设施设备有机结合，其建设速度之快、规模之大，堪称中国铁路建设史上的奇迹。北京站建成之始，毛泽东、刘少奇、朱德、周恩来等国家领导人曾先后到站视察，毛泽东主席还亲笔题写了"北京站"站名并一直使用至今。著名建筑史学者赖德霖给予的评价是："北京站是'十大建筑'中唯一的城市基础设施性建筑，也是十大建筑中探索民族

图 2-123 北京火车站外景

图 2-124 北京火车站方案设计渲染图

图 2-125 采用钢筋混凝土双曲面扁壳结构的北京火车站主厅

风格与现代技术相结合的唯一一例。"[1]

在"中西合璧"的建筑设计艺术处理方面，北京站有两个方面值得称道。首先是双曲扁壳大跨度空间结构与民族形式的结合。中央候车大厅无柱空间的双向跨度皆为35米之巨，这对于人流量极大的首都火车站而言是必要的。但实现该跨度的结构技术手段，其实存在诸多选择之可能，比如采用桁架或网架，而建筑师选择的是形式更为新颖、结构理性及其力量感更为简明的双曲扁

壳（图 2-125）。另一方面，为了配合民族形式的表达，又在大厅两侧设计了左右各一、对称布局的钟楼，上部覆以重檐四角攒尖顶的亭子，大厅前部配以连续拱券与立柱组成的门廊，以及酷似马头墙的拱券间檐口细部（图 2-126），在一定程度上弱化了双曲扁壳在造型上的结构技术表现力之现代感。如果我们把上述亭子和门廊取消，可以阅读出更具现代感而与"民族形式"无涉的交通建筑个性。但在那样一个时间、地点和具体项目背景之下，政治上的高度敏感使建筑师不得不考虑在首都"城市窗口"地区和标志性大型公共建筑上对于"民族形式"有所顾及而对"结构主义"有所顾忌。此前的和平宾馆已经让建筑师切实体验了"批判"的威力。应当说，如此设计处理，在平衡二者之间的关系方面确实取得了成功。由此也可领略建筑师们在经历了短暂的"思想改造"之后更加善于在各种力量之间闪转腾挪的老成和狡黠。

图 2-126 结合了民居建筑造型元素的北京火车站主入口设计

图 2-127 杨廷宝设计的南京下关火车站

1 杨永生 顾孟潮 主编. 20世纪中国建筑. 天津：天津科学技术出版社，1999. 241~242

图 2-128 北京火车站主厅双曲面扁壳结构形成高敞明亮的空间　　　　图 2-129 北京火车站侧厅大面积玻璃窗形成高敞明亮的空间

其次是大型交通建筑性格的塑造。火车站建筑，尤其是首都的火车站建筑设计，对于杨廷宝而言并不陌生。此前十多年，杨已设计过南京下关车站扩建工程（图 2-127），拥有大型交通建筑设计的经验。尽管时代变迁，但建筑性格塑造方法仍可借鉴。候车大厅扁壳之下结合拱券门廊做成的大面积整洁的玻璃窗不仅提供了充裕的自然采光，也流露出特征鲜明的交通建筑气质：简洁轻快、开朗明亮的大厅，宽阔高敞、出入便捷的门廊，甚至包括同样开有大面积玻璃窗配以高细小立柱的两侧候车大厅（图 2-128、图 2-129）。仔细辨认之余，不难体味其与南京下关车站之间在气质上的某种共通之处，甚至造型语汇上的相似取舍，如对于用小矢高拱券和立柱结合形成高敞空间的偏爱。

2008 年 6 月，为迎接北京奥运会，北京站首次挂上英文站名"Beijing Railway Station"的标识牌。虽然有北京西客站和北京南站相继建成并投入使用，但联系中国经济最发达的华东地区以及正在复兴的老工业基地东北地区的列车，还有伴随"假日经济"蓬勃兴起的旅游列车仍主要在此到发，且保持一定的客流量——尽管有光彩夺目的"鸟巢"、"水立方"等新秀，年过五旬的北京站仍以一种独特的风韵象征着中国和北京，因为首都大型交通枢纽建筑的定位并未改变，而且民族形式借着"中国元素"的话题居然得到了保鲜。

案例 4　北京友谊宾馆

北京友谊宾馆位于北京市中关村高科技园区核心地带，海淀区中关村南大街 1 号，毗邻北京大学、清华大学等多所高等学府。占地面积 33.5 万平方米，绿地面积多达 20 余万平方米，环境优美、景色宜人。其建筑古朴典雅，具有浓郁的中国民族特色。友谊宾馆的主楼、南配楼及北配楼建成于 1954 年，由国务院批准中央财政拨专款 1000 亿元（新币 1000 万元）用于建设，采用钢筋混凝土框架结构和混合结构，4 ~ 5 层，总

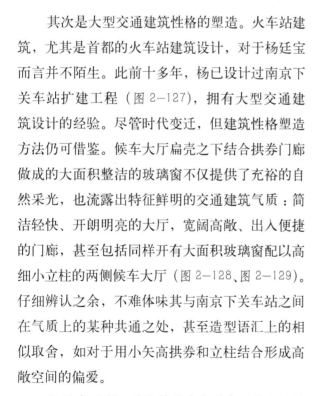

图 2-130 北京友谊宾馆主楼正面外景

图 2-132 北京友谊宾馆主楼正面主入口细部

图 2-131 北京友谊宾馆主楼背面外景之一

图 2-133 北京友谊宾馆主楼背面外景之二

建筑面积 18 万多平方米，由著名建筑师张镈主持设计（图 2-130、图 2-131）。

新中国成立初期，大批苏联专家来华帮助进行经济恢复和建设，必须解决其居住问题，友谊宾馆即在此背景下于 1953 年开始筹建。[1] 为使外籍专家感受异国情调，"民族形式"再次获得机会一展风姿——在山字形平面的中心部分冠以比例庄重的重檐歇山顶，用以遮蔽电梯机房和消防水箱；而在两端上部则布置了单檐卷棚小亭子，二者之间五层高的建筑主体用盝顶和花架加以衔接，且中央主入口上方还设计了由望柱、寻杖等构成的古典形式的阳台栏杆与栏板（图 2-132～图 2-134）。不仅如此，还在细部装饰方面将传统的仙人走兽、兽吻等加以抽象和改造，创设了全新主题的细部样式：明清官式建筑正吻的龙造型被"和平鸽"取代（图 2-135、图 2-136），

---

1 杨永生 顾孟潮 主编.20世纪中国建筑.天津：天津科学技术出版社，1999.218

图2-134 北京友谊宾馆主楼背面次入口细部

图2-135 北京友谊宾馆主楼屋顶的"龙吻"造型主题为和平鸽

这其中的缘由若详加考辨，则颇具值得玩味之处。

在既有的中国传统建筑造型语汇中，相近的元素有祈愿集体或个人之间和平共处的"玉帛"图案，但与"世界和平"这一主题却存在着基于不同时代精神的意识形态和话语体系的巨大差异，以及国际政治博弈背景下的地域文化差异。严格意义上说，在现代民族国家诞生之前，中国传统文化中并不存在象征国家间和平相处之物。因为中国自西周以来就有一种"天下"观念——普天之下莫非王土，率土之滨莫非王臣。"天下"之内虽分封诸国，但名义上仍旧统一于"王"道之内。所以，"天下太平"是常态，而战争则是乱世之象。天子富有四海，故并不存在对等的敌国，也就不存在象征国家间的和平之吉祥物。而鸽子与橄榄枝象征和平的典故则出自基督教《圣经》之《旧约·创世纪》，事关诺亚方舟拯救人类逃离洪水的传说。察其源流，应属标准的西方文化。以今日之眼光来看，和平鸽与中国古典式样新建筑的结合可比为"穿越"，其符号功能具有创新意义。这是因为，在中国传统建筑文化中，祈福现代民族国家之间和平共处即世界和平的艺术创作主题几无先例可循，而当时的国际政治气候却与此存有密切关联。以两德分治、朝鲜战争和印度支那战争为主要舞台，东西方两大阵营之间的冷战大戏可谓波澜壮阔，新中国也不可避免地卷入了这场旷日持久的对抗。然而历经百年战乱、刚获得喘息机会的古老国度及其新生政权对此并非完全心甘情愿，全国上下对于和平安宁的幸福生活的向往是由衷的，在服务于外交事务的建筑创作上采用"和平鸽"作为细部装饰母题，

图 2-136 北京友谊宾馆主楼屋顶的"仙人走兽"造型主题亦为和平鸽

是建筑师的政治觉悟和内心憧憬相互结合的真实写照，如此创新是具有深刻的时代背景和现实意义的。然而，正像"中西合璧"建筑之"大屋顶"一样，建筑界似乎并未完全从理智上认清民族主义思潮的正反两方面效应，更难以全面认清当时采取"一边倒"外交战略的深远而复杂的历史性影响——其积极作用是充分体现了独立自主精神，利于肃清百多年来西方帝国主义势力的影响，让中国以崭新姿态登上世界政治舞台。但另一方面，其不良影响也随之显现出来，西方国家由于意识形态因素和美苏对抗的国际格局而不与中国建交，尤其是中国卷入朝鲜战争使得中美正式对抗，新中国在成立之初就不得不在政治、经济、文化、军事等诸多领域去面对以美国为首的资本主义阵营的遏制，"非敌即友"的观念长期制约了新中国在国际政治舞台上的灵活性。正是从这个意义上说，直至20世纪90年代苏联解体、东欧剧变，冷战结束，"和平鸽"对中国人而言才由奢望变成现实：友谊宾馆这一细部创新所承载的政治愿景整整超前了40年。

图 2-137 南京原华东航空学院教学楼北面外观

图 2-138 南京原华东航空学院教学楼南面外观

案例 5　南京华东航空学院教学楼

原华东航空学院教学楼位于今南京市白下区童卫路 6 号南京农业大学校园内，是在著名建筑师杨廷宝主持下，由原南京工学院建筑系师生和土木工程系教师于 1953 年共同设计完成（图 2-137、图 2-138）。主体 2～3 层，局部 5 层，采用钢筋混凝土框架结构，总建筑面积约 5000 平方米。

原华东航空学院是 1952 年新中国成立后第

图 2-139 南京原华东航空学院教学楼一层平面图

一次高等院校院系调整时，由原交通大学、南京大学（原中央大学）、浙江大学三校的航空工程系合并成立。后根据国际形势和国内建设需要于20世纪50年代后半期分批内迁西安，其校园建筑遂转归南京农学院（今南京农业大学）使用至今。

和北京敏感而热闹的政治氛围有所不同，南京的建筑活动在新中国成立初期相对沉寂，气氛也相对宽松，该教学楼的建设就是在这样的背景下展开的。由于建筑规模和资金有限，设计师充分利用自然地形环境之起伏，结合建筑功能需求将平面错落布置，首层地平采用三种不同标高，以减少土方工程量（图2-139）。而总体格局最具特色处莫过于采用不对称构图以达成在"中国古典式样新建筑"中罕见的动态均衡，同时采用较小尺度、形式灵活的"大屋顶"组合，形成了富有新意、生动活泼的艺术效果。其主入口立面设计采用了中国传统的四柱三楼牌坊形制并加以变化，高耸的楼梯间则冠以重檐十字脊歇山顶，其余皆为大面积平屋面，并饰以盝顶（图2-140）。如果忽略"大屋顶"的视觉影响力，不难发现其建筑体块之间的穿插互动颇具早期现代主义建筑之立体派意蕴，与荷兰著名建筑师 Willem Dudock 设计于1930年的希尔维苏姆（Hillversum）市政厅（图2-141）可有一比。如果说此前的"中西合璧"建筑绝大多数采取中轴对称的构图形式，因而总体上显得四平八稳和老成持重，其设计技术路线也颇为折中与保守的话，那么该教学楼的"中西合璧"则更多地吸取了早期现代建筑的体块组织手法，外观上更为自由、舒展，氛围更活跃、灵动。最为有趣的是：作为制高点和视觉趣味中心的重檐十字脊歇山顶之上赫然竖立一根旗杆，其顶部为一颇具尺度的红色五角星，充分展示了建筑设计者们的对于政治的理解力和中国建筑文化长于形制与象征的根本特点——南京大学北大楼钟塔上的红五星并不孤独（图2-142）！

图2-140 南京原华东航空学院教学楼丰富的屋顶组合

图2-141 建于20世纪30年代的荷兰希尔维苏姆（Hillversum）市政厅

图 2-142 南京原华东航空学院教学楼之塔楼细部

叠合与融通——近世中西合璧建筑艺术

2.6 "冷战"时期的台湾:"中华文化复兴运动"在建筑界的影响

国民党政权退守台湾之后,在全球政治格局进入"冷战"的国际背景之下,借力于朝鲜战争而逐步站稳了脚跟,随之开始了长达数十年的两岸对峙期。在这一时期的前半段即20世纪70年代初期之前,其主要政策可概括为:在国际上联合美、日对抗苏联和新中国的人民政权,并利用在联合国的席位加强在这种对抗中的力量对比;在台湾内部,则展开某种程度上的政治改革如国民党自身的改造,以及经济变革如土地制度改革以及加强民营经济建设和基础设施建设;在军事反攻大陆逐步陷入绝望之后,转而从文化建设方面展开相应调整。尤其是针对1966年大陆发动的"文化大革命",台湾方面随即发起"中华文化复兴运动"以作为应对措施。其主要理念乃是强调儒家思想在中国传统文化中的地位,及其在当下的现实意义,捍卫中国传统文化的正统性和合法性,反对全盘西化。不仅如此,还要"守经知常,创新应变",即一方面要坚守传统,另一方面又要吸收外来文化之积极因素。它的前途是"吸收中西文化的精髓,融合一种新型的第三种文化",在建筑界的具体表现是继续支持和倡导"中国宫殿式建筑"。受此政策导向影响,陆续有一批政治纪念性建筑、科教文化建筑、旅馆饭店建筑以及行政办公建筑等大型公共建筑在"中西合璧"的道路上继续前行,而台北"国父纪念馆"、圆山饭店、中国文化大学等都是代表性的案例。

案例1 台北"国父纪念馆"

台北"国父纪念馆"位于现台北市市政府西面之中山公园内,地址为信义区仁爱路四段505号,介于忠孝东路、仁爱路、光复南路与逸仙路之间,系为纪念中国民主革命先行者孙中山的百年诞辰而兴建(图2-143)。该馆筹建于1964年,落成于1972年,包含一个3000座大会堂,阶梯讲堂、图书馆以及展览空间;平面为方形,大会堂居中,其余各功能空间环布四周,外部设有一圈柱廊。其主体采用钢结构外包混凝土(SRC),屋顶覆以金黄色面砖。主入口处将柱升高,直接掀起一个高敞的盝顶,形成庄重而壮观的门廊(图2-144)。建筑高度30.4米,每边长约100米,总建筑面积35000平方米。"国父纪念馆"由每边14根高大的灰色柱子撑起黄色的"大屋顶",气势宏伟,粗犷刚毅,朴素中不失应有的细致,体现出建筑师本人对于孙中山的精神气质的理解。[1]

图2-143 台北"国父纪念馆"外景

---

1 徐明松. 王大闳——永恒的建筑诗人. 台北:木马文化事业股份有限公司.2007. 15

图 2-144 台北"国父纪念馆"门廊细部

该馆是有"台湾现代建筑运动先驱"之誉的著名建筑师王大闳（1918-，图 2-145）的代表作，其方案通过竞标在 1965 年 11 月 6 日获首奖[1]（图 2-146、图 2-147）。建筑学术界内部对此获奖方案评价很高，其大跨度钢筋混凝土结构在力学方面具有卓越的表现能力，且蕴含中国传统建筑"大屋顶"之神韵。但后来的实施方案还是应业主要求做了大幅度修改，仅"大屋顶"之意象得到保留。尽管如此，该纪念馆仍成功表达了现代主义

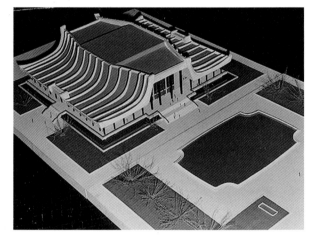

图 2-146 台北"国父纪念馆"王大闳获首奖方案模型

图 2-145 王大闳像

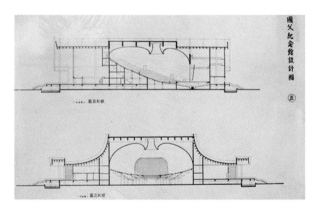

图 2-147 台北"国父纪念馆"王大闳获首奖方案剖面图

1 徐明松编 梁明刚 曾光宗 蒋雅君 谢明达著.国父纪念馆建馆始末——王大闳的妥协与磨难.台北：国立国父纪念馆.2009.2～3

图 2-148 台北"国父纪念馆"户外活动——对弈与观棋

图 2-149 台北"国父纪念馆"户外活动——休憩与观景

者所诠释的古典形式,并获公众广泛认可。2009年,91 岁高龄的王大闳获第 13 届台湾文艺奖。其重要作品除台北"国父纪念馆"之外,尚有林语堂宅、台湾大学第一学生活动中心等。大奖评审者们认为,王大闳虽长期在西方教育体制下成长,却自始显现出把传统中国建筑与西方现代主义做出联结的使命感与责任感。台北"国父纪念馆"在四十余年后"仍深受一般民众及专业界之肯定,被认为是台湾现代建筑史上最杰出的公共建筑之一"。也有观点认为,王大闳以"东方中国的极简主义在台湾现代建筑发展史上发挥持续影响力",但一直未得到肯定,这次获奖可谓实至名归。而公众的最大认同在于其在纪念、集会之外还提供了一处供市民休闲、户外活动的重要场所(图 2-148、图 2-149)。图 2-143 显示一个孩子正在纪念馆室外广场上放风筝;图 2-148、图 2-149 反映了市民正在馆舍附近散步或在门廊下小憩、观景——这些可能正是现代性的核心价值之一。

该馆设计过程中,建筑师和最高当局的过招颇具典型意义。王大闳方案获得首奖后,其模型被搬到"总统府",由获奖建筑师本人亲自向蒋介石汇报设计构思。王大闳认为自己设计的是可以代表中国文化的现代建筑,没料到蒋却很客气地指出该方案是"西洋风味"的。蒋还通过"总统府秘书长"张群以及"行政院长"严家淦转达指示给王大闳:"应在外形方面加强中国建筑之色彩",并出示了一张故宫太和殿的照片,示意据此设计一座"中国宫殿式"建筑,这简直使踌躇满志的建筑师大跌眼镜!王大闳遂直陈己见:

孙中山的革命目标之一就是推翻宫殿式建筑所象征的清政府，现在用象征清政府的建筑样式来纪念他，对于孙中山而言简直是个巨大的讽刺。蒋听了这一番道理才改变初衷。[1] 其实明眼人一看便知，建筑师为了说服业主之"最高当局"，偷换了核心概念。因为，"中国宫殿式建筑"并不等于清政府，其蓝本是明清时期北方官式建筑，清政府的宫殿建筑还是从明代汉族皇家建筑那里传承下来的。换言之，宫殿式建筑也并非清政府所特有，它也可以象征汉族主政的明王朝。由于辛亥革命的动员机制中包含复杂的民族矛盾，其革命口号也曾提出过"驱除鞑虏，恢复中华，创立民国，平均地权"，极易使人误解为一场汉民族意欲驱逐满人并夺回领导权的民族革命。王大闳如此诠释，就是为了让大家对宫殿式建筑心生敌意。其实也完全可以这样来反问：用象征明朝的建筑样式来纪念孙中山，又有何不妥？——其不妥之处正在于，孙中山要推翻的是宫殿式建筑所象征的、以清政府为代表的封建帝制，而不特定指向满族这一民族。明朝虽为汉人主政，但同样是封建帝制，所以其建筑样式也不宜被采用。王大闳不提封建帝制，却专门指斥清政府，其用意是显而易见的。

图2-150 翠绿葱茏之中的台北圆山大饭店（南京大学关华 提供）

图 2-151 台北圆山大饭店大堂内景（南京大学关华 提供）

案例2 台北圆山大饭店

台北圆山大饭店位于今台北市剑潭山西南，基隆河畔，是台北的地标，世界十大旅馆之一，也是台北乃至于全台湾岛的一道风景（图2-150）。

本书介绍的是其建于1971年、高达14层的"中国宫殿式"主楼（扩建工程）。无论何时，无论从哪个角度看，这座雕梁画栋、飞檐翘角、金色琉璃瓦顶的大厦都透射出一种特殊的中国风韵，散发着高贵典雅的气息。而台湾特殊的历史发展过程，又给它蒙上了一层神秘的面纱。圆山大饭店始建于1952年，由官方背景深厚的"敦睦联

---

1 徐明松. 王大闳——永恒的建筑诗人. 台北: 木马文化事业股份有限公司. 2007. 15

谊会"主持，宋美龄曾任会长。20世纪50年代，台北尚无一家五星级饭店，不便接待外宾，遂有建设"国宾馆"之议。对于饭店选址，宋美龄认为位于基隆河滨、圆山山腰的台湾饭店就很好。传说此处为风水宝地，虽其建筑老旧，设备简陋，但环境清幽，视野开阔，宋美龄很喜欢在这里接待外宾。至于建筑式样，蒋介石最终还是选择了"中国宫殿式"，且室内外一以贯之，意图借此宣扬中国传统文化（图2-151）。著名建筑师杨卓成主持了该项目的设计。

圆山大饭店主楼建筑艺术处理的独特之处在于突破了之前的高层建筑与中国传统"大屋顶"结合之常见做法，并未在一简洁几何形体的外墙之上直接开窗洞，而是结合酒店建筑自身的功能需求，在每一间客房的外墙部分设置了通宽的阳台，不仅可以遮蔽地近北回归线的台北地区的强烈日晒，且可在此休憩观景，形成富有层次的客房空间效果。其外墙上连续阳台之竖向与水平结构构件被巧妙地处理成中国古典建筑之柱、梁、枋的形式，尺寸夸张；并结合阳台栏杆扶手和柱、枋之间的雀替，形成了在日光下富于变化的阴影区，即所谓"灰空间"（图2-152、图2-153）。既有空灵剔透之感，有别于之前的上海中国银行

图2-152 台北圆山大饭店客房阳台外观（南京大学关华 提供）

图2-153 台北圆山大饭店客房阳台内景（南京大学关华 提供）

总行大楼以及北京民族文化宫的厚重和敦实；而冠以重檐歇山"大屋顶"又不乏中国官式建筑的宏伟气势和庄重氛围。尽管高层建筑结合"大屋顶"的做法在结构理性方面存在着必要性的质疑，但不可否认的是，圆山大饭店主楼立面上连续的、以"间"和"层"为单位的格构化的阳台这一艺术处理手法还是获得了成功；从效果上看，其城市层面的地标性获得了足够的认同。

随着"戒严时期"的终结，圆山大饭店神秘的面纱逐渐被掀开。但在此之前，因其具有深厚的官方背景，门禁森严，仅少数达官贵人可出入，普通民众无缘接近。加上饭店离蒋介石的士林官邸不远，因此除神秘感之外更有种种绘声绘色的传说。但真实情形如何，一直无从得知。直至1995年，圆山大饭店一场火灾终于将其遮掩长达几十年的两条地下秘道即防空安全通道曝了光。这两条通道和圆山大饭店14层主楼同年竣工，皆为钢筋混凝土结构，其长度都是180米左右，但根本不通士林官邸，更不是蒋介石的避难指挥所。西侧秘道直通后山剑潭公园，东侧秘道出口

图 2-154 台北中国文化大学大仁馆外景（南京大学关华 提供）

图 2-155 卢毓骏像

在北安公园，可通七海空军基地。秘道通风条件良好，共可容纳 1 万多人作为紧急逃生避难之用。

案例 3　台北中国文化大学大仁馆

台北中国文化大学大仁馆建于 1965 年，今为艺术学院、外国语文学院所在地，别称"稚晖楼"（图 2-154）。采用钢筋混凝土结构，高度为 6 层，其设计者为著名建筑师卢毓骏（图 2-155）。

中国文化大学由著名地理学家、历史学家、中国近现代人文地理学开山大师张其昀创立于 1962 年，是一所位于台北市士林区阳明山麓的私立大学，毗邻阳明山国家公园。学校筹备之初，时任"教育部长"的张其昀决定先办研究所，名曰"中国文化研究所"。增设大学部后原定名为"远东大学"，后因蒋介石认为"远东"为欧美之地理观点，以亲笔函建议改用"中国文化"为校名，其含义深远，成为该校发展方向与兴学理念之依据——具体而言，中国传统文化之精华在文学、史学与哲学，近代西方文明之优点在科学与民主政治。中国文化之复兴与发扬必须"承东西之道统，集中外之精华"。因此该校大学部基础教育之体制力求完备，为一综合性大学，并确立人文、社会与科技并重的建设宗旨，这也为该校的校园规划和建筑设计定了基调。

卢毓骏（1904—1975 年）于 1920 年赴法国勤工俭学，后入巴黎国立公共工程大学学习，1925 年在巴黎大学都市规划学院任研究员。1929 年回国后任职于南京国民政府考试院。1949 年到台湾，并于 1961 年创办中国文化大学建筑与都市设计系。在其同龄人中，卢毓骏算得上是高产建筑师和学者。早在 20 世纪 30 年代初期，他就在南京负责规划设计了考试院、考选委员会、大考场及铨叙部新厦等，并主持监造了中央大学大礼堂。而其迁台之后的代表作之一就是中国文化大学校园规划以及主要建筑单体"大成"、"大仁"、"大义"、"大典"、"大恩"五馆舍的设计（图 2-156）。

大仁馆之主要特点在于其主体屋顶平台之上布置了呈"器"字形格局的楼阁式建筑组群，"大屋顶"连绵起伏，蔚为壮观，在同一时期的中国古典式样新建筑中很难看到如此大胆的尝试——中心部分是八角形攒尖顶，四角各有两座正方形重檐攒尖顶，从四角向中心渐次推进，呈轴对称与中心对称分布，总计共有9个屋顶（图2-157、图2-158）。这一做法与当时常见的以一个大尺度的主要屋顶统领全局的手法存在明显差异。卢毓骏设计的五个馆舍，包括其他的作品诸如台北"国立科学馆"，在建筑学术界内部有评价认为流于形式堆砌，但相对而言，大仁馆的整体感更强一些。但无论如何，卢在中国文化大学上的设计表达与其早期作品如南京考试院相比（图2-159），都显得更为"生猛"和"重口味"。究其缘由，应与特定时代背景不无干系。

在中国近现代建筑史上，卢毓骏是最早引入现代建筑观念的开拓者之一，且在理论与实践两

图2-157 台北中国文化大学大仁馆屋顶平台外景（南京大学关华 提供）

图2-156 卢毓骏（左四）参加台北中国文化大学大义馆动工仪式

图2-158 台北中国文化大学大仁馆一角（南京大学关华 提供）

图 2-159 卢毓骏主持设计、建于 20 世纪 30 年代的南京国民政府考试院

个方面都身体力行加以推进——问题可能在于二者往往脱节。他在巴黎求学时，正逢现代主义建筑在欧洲各国由风气日盛渐至如火如荼，也是现代主义建筑之主将和旗手柯布西耶的理性主义阶段之最活跃时期，各种建筑语言与城市规划思想观念不断应运而生，如此种种对卢毓骏产生的影响均不可小觑。其表现可见于卢氏回国后在《中国建筑》上发表连载的《实用简要城市计划学》，1935 年又翻译了柯布西耶的《明日之城市》——卢氏深知现代建筑须有新的都市观念，对于其背后的理性主义和科学精神抱有基本的认同。而另一方面，卢毓骏又是在同辈人之中除梁思成之外极少数醉心于从中国建筑史研究成果中寻找空间形制之原型（"明堂"制度）并加以转译的建筑学人之一，而不仅仅局限于建筑外观的模仿。问

题是："明堂"毕竟是基于封建帝制与士农社会的礼制思想之产物，从时代精神上看，与当时中国正面临的向民主政体与工商社会的转型是绝难合拍的。卢毓骏作品呈现出的"面具性"可能正是所有"中西合璧"建筑必须检讨的问题：

1）从中国传统文化自身系统组成的层面来看，中国建筑的精神和作为中国传统文化之精华的文学、史学与哲学之间究竟是什么关系？究竟在此时此地、此情此景中扮演何种角色？是真实状态下的自然流露和散发，还是生拉硬拽的拼凑和堆砌？

2）从中国建筑活动具体的技术路线来看，"承东西之道统，集中外之精华"这一相对宽泛的政治口号如何有助于建立当代中国建筑设计之理论模型，进而有效指导具体的建筑活动？

第三章　现代建筑＋中国元素

以时代精神为基调的民族性表达

1911年中华民国创立后，民族主义成为强大的思想潮流，并逐步演化成一种强烈的集体意识。在这种意识形态主导下，作为一种带有现代"民族"意识，并以全民族整体作为思考对象，影响广泛的社会强势话语和时代思潮，伴随着以"中华民族复兴"为表述符号的观念形态和技术话语正式而大量的出现。该观念一旦形成，随即流行于整个20世纪30～40年代。在对建筑民族复兴形式的多方位、多层次的探索中，主要呈现两种风格：官殿式和新民族形式。其形式根源基本来自两个方面：一是由西方建筑的构造体系所形成的形式逻辑；二是中国古代建筑（尤其是清代官式建筑）的意象元素。而风格上的区别，主要是官殿式提取了中国古代建筑的整个外形意象的元素，特别是大屋顶样式，是一种整体式仿古；而新民族形式提取的是中国古代建筑部分装饰元素或者是简化后的象征意象，是一种简约式仿古。其中，新民族形式以现代设计为主体，巧妙地融入民族意象，既有鲜明的时代精神，又符号化了民族意识，不失为中国建筑从传统走向现代的可贵探索。

20世纪30年代初期，中国近代建筑发展进入一个蓬勃而又面临突破的阶段。一方面，现代功能、现代技术广泛介入建造活动，推动建筑在物质层面上革新；另一方面，受民族复兴思潮影响，建筑艺术的探讨正面临着如何对待中国与西方、传统与现代之间的关系问题，或者说建筑师以何种恰当的方式来传达中华传统精神。事实上，建筑师简单套用古代官殿形式在功能、技术和经济上遇上了极大困扰。而20世纪30年代的国际

建筑界，现代主义思潮已走向成熟并成为创作主流，身处世界环境的中国建筑界无法置身事外。于是，中国近代建筑师中的先进分子，开始试图探讨能够将民族复兴和现代性表达结合起来的新途径。他们看到了传统建筑形式与现代技术、现代功能结合的矛盾，并且也考虑到官殿式或大屋顶建筑造价昂贵，于是大胆发展出另一种中西合璧的方式："新民族形式"或"简约仿古民族形式"的建筑。这类建筑形制是西洋的，采用新建筑的平面组合和体形构图，并多数用钢筋混凝土平屋顶或现代屋架的两坡屋顶，但局部适当点缀传统形式的细部和图案，如檐口、须弥座、墙面、花格门窗及门廊等常以传统构件或传统花纹图案装饰。室内装修用平綦天花做法和彩画等等。这些装饰细部，不像大屋顶那样以触目的部件形态出现，而是作为一种民族特色的标志符号出现。这种设计实际上是希望兼顾新的建筑功能需要和现代技术特点，又能体现出本民族风格的一种尝试，成为现代化的民族形式建筑或混合式建筑，从而为中国建筑现代化与民族化的探索开辟新的道路。

既忘不了中国传统文化，又要在现代世界中发展，傲立于世界民族之林，长期以来这是摆脱封建制度后中国人孜孜以求的理念，这种心态继续延伸至新中国，并且在新中国成立后一段时间内进一步得到强化，引发文化领域新一轮对民族形式和历史主义的推崇。尽管意识形态已发生重大变化，但中国建筑师在民族风格建筑创作取向上依然首鼠两端，伴随着国家经济、政治、社会新需求和技术水平等因素的综合作用，民族形式

与现代主义的纠葛仍在持续上演。

在对于民族形式的探索中，与民国阶段相似，有一部分建筑师不愿走"屋顶之路"。一方面，很多建筑在功能上或基本形体上不适合大屋顶的安装，另一方面，有些建筑师也乐于探索中西融合的新建筑道路，即为砖混结构或钢筋混凝土建筑配上简洁实用的表达民族形式之法。这类建筑基本特征是：将屋顶去掉，比较重视体量和装饰，以功能主义的手法配以西式构图，为表达民族形式，将细部完全中国化，如柱头以及柱廊下加挂落或雀替装饰，檐口下砖石砌斗栱样式，中式栏杆等，远距离有精到的比例，近距离则有传统细部，体现出中学为体，西学为用的情趣。装饰纹样当中用一些中国传统的卷草，室内装修用藻井、彩画、沥粉贴金等。大家都觉得看了很亲切，和过去的房子在文脉上有所联系，但又忠实于现代功能和形象，这类建筑包括首都剧院、建筑工程部大楼、全国政协礼堂、王府井百货大楼、广州体育馆等。其中以 1959 年国庆工程中的人民大会堂、民族饭店等建筑对民族形式的新发展为标志，把西洋建筑的形制，中国传统的装饰和细部这一表达方式发展到臻于完善的地步。

这类以西方现代建筑结构和功能为基础，适当利用构件形态和装饰纹样以探索民族形式的中西结合设计方法，因其经济上的节约性，也得到国家层面的支持。周恩来总理曾特别指出，创作中要古今中外、皆为我用，就是说所有好的东西都可以用，此类手法在 1955 年后一段时间内的创作中占有相当比重，是大屋顶退潮后一条比较通顺的路子。

3.1 南京国民政府与"中国式的现代建筑"

作为中华民国首都，近代南京官方建筑风格对全国具有举足轻重的影响力，国民政府建筑风格早期主要的思潮是模仿中国传统宫殿的形式，以"中国固有形式"彰显民族自豪和传统文化象征；后期则由于经费紧缩转而发展以中国风格的装饰表达民族性的"新民族形式"。20 世纪 30 年代南京一地新民族形式风格建筑的探索在全国居于领先地位，涌现了诸如国民政府外交部、中央医院、中央体育场、中山陵园音乐台等一批佳作，其手法娴熟，已突破了单纯对传统形式的模仿而进入到创作领域，并产生一定的示范效应。然而，以童寯、杨廷宝、范文照、奚福泉等建筑师为代表，提倡的在入口、压顶、墙基等处使用中国传统纹样的做法，是否也只是在以新的建筑营造条件为背景的"现代中国风格"还未形成的情况下，适应民族、文化象征要求的一种权宜之计呢？或者仅仅作为特定意识形态下体现民族主义和现代性结合的理想选择？基于现代建筑的动因在于社会性生产和形式化探索之间的巨大张力和整合诉求的基本判断，我们对于上述问题暂时还无法给出明确结论，但起码在 1949 年之后一段时期内，在民族性与现代性的探讨中，"民族形式"（包括所谓"新民族形式"）仍然体现出强大的生命力。

案例 1　原国民政府外交部办公大楼

原国民政府外交部办公大楼位于今南京市中山北路 32 号，现为江苏省人大常委会所在地。

图 3-1 原国民政府外交部办公大楼外观

2001 年 7 月被列为全国重点文物保护单位（图
3-1）。该建筑设计于1932～1933年，1935年竣工，
由中国近代时期最重要的建筑事务所之一：华盖
建筑师事务所建筑师赵深、陈植、童寯等合作设
计。该建筑的设计指导思想是既不完全抄袭西方
样式，也不一成不变地照搬中国宫殿式传统做法，
而是根据现代技术与功能的需要安排平面布局和
造型，同时又具有中国传统建筑风格，以达到"新
民族形式"的目的和反映建筑的时代性。[1]

　　该大楼平面呈"T"字形，入口有个突出的
门廊（图3-2），建筑地下一层，地上中部5层，
两端4层。整个建筑的平面设计采用西方古典建

图 3-2 原国民政府外交部办公大楼入口夜景

1　刘先觉著.中国近现代建筑艺术.武汉：湖北教育出版社，2004.P76

图3-3 原国民政府外交部办公大楼檐口仿斗栱做法

图3-4 原国民政府外交部办公大楼一层门厅

筑处理手法，对称布局。中部大楼梯为竖向交通主体，并连接前后两部分。建筑通面阔51米，通进深55米，面积约5050平方米。

该建筑摒弃了传统中国建筑外观造型上显著的大屋顶方式，而采用西式平顶，从而更好地展现出几何体量组合的简洁性和现代性。立面采用西方古典建筑三段式构图，分基座、墙身和檐部三部分。基座勒脚用仿石的水泥砂浆粉刷，以示坚实；墙身用深褐色泰山面砖饰面，严丝合缝，沉稳庄重；檐口下则以褐色琉璃砖砌出浮雕及简化斗栱装饰，以呈现民族式样，是一种极为洗练的仿古设计手法（图3-3）。建筑入口处门廊内柱梁交接简洁，且在梁出头处做出传统的卷云装饰。为适应业主要求，室内做了大红柱子，柱、梁、枋、天花及藻井等均上施油漆或清式彩画，室内墙面亦做有传统墙板细部，楼梯扶手、栏板、门窗等装饰中国传统纹样，与整体仿古模式的室内设计无异，未能和简约仿古的外观形成呼应，究其原因，可能还是社会和业主对建筑师的要求和限制（图3-4～图3-7）。建筑师是为社会服务，他们不可能躲进建筑艺术的象牙塔里孤芳自赏。后来人必须要将旧日的建筑活动置于社会发展的背景下，才能正确理解、评价历史上的建筑师及其作品。

原国民政府外交部办公大楼是近代中国建筑师探求新建筑发展方向的可贵尝试，作为新民族形式的典型作品之一，反映了建筑师们既讲"民族性"又追求"科学性"，既照顾到业主意图又要实践自己价值取向的建筑策略，在当时具有重要的进步意义和社会价值，对近代建

图 3-5 原国民政府外交部办公大楼内景

图 3-6 原国民政府外交部办公大楼室内梁枋和天花

图 3-7 原国民政府外交部部长办公室内景

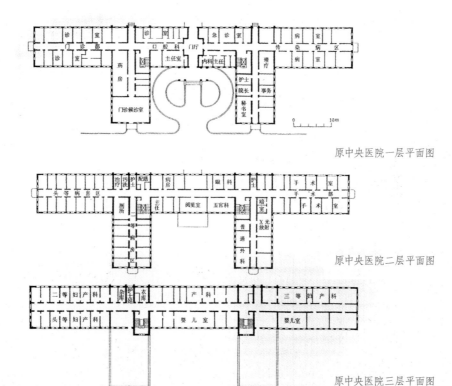

原中央医院一层平面图

原中央医院二层平面图

原中央医院三层平面图

图 3-8 原中央医院各层平面图

筑师探求具有民族特色的中国建筑的发展方向产生了重要影响。

案例 2　原中央医院

建于 1933 年的原中央医院，位于今南京市中山东路 305 号，是当时首都地区规模最大、设施最完善的国立医院，现为中国人民解放军南京军区南京总医院。建筑的主楼为集中式病房楼，对称布置，类似于 II 形，高 4 层，建筑面积 7000多平方米，按现代功能布置，集门诊、手术、病房和行政功能于一体（图 3-8 ～ 图 3-10）。医院总体布局与周边道路、环境协调，功能分区明确，交通流线清晰，空间配置合理，虽历经 80 余年的变迁，现医院的发展和布局尚未失去当初设计的意图，凸显出建筑师的专业造诣和远见。[1] 同时，该建筑创作还跳出了当时盛行的复古主义泥沼，体现出中西合璧、别具特色的设计特点。

建筑造型体现了崭新的建筑艺术审美观，采用平屋顶，使建筑形体成为几何体块的组合，呈现简洁明快的西方现代主义特征。立面构图仍为

1　杨廷宝建筑设计作品选. 北京: 中国建筑工业出版社, 2001. P68

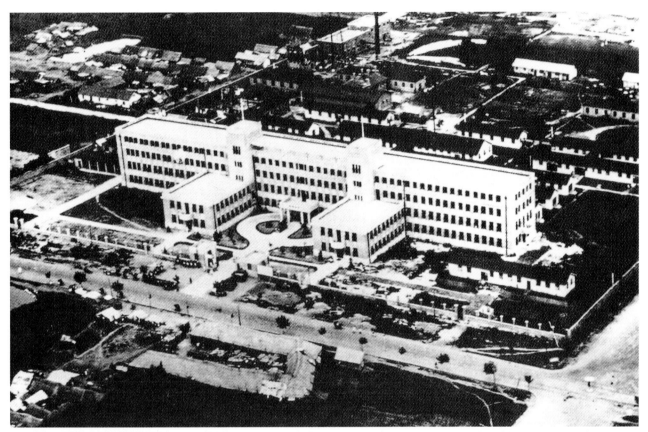

图 3-9 20 世纪 30 年代的中央医院

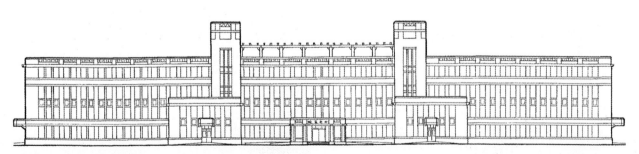

图 3-10 原中央医院主立面图

三段式，左右对称，中间突出部分为两个楼（电）梯间，出屋面后以斩假石花架柱廊连接，花架处设简化雀替，整体形成建筑造型构图之中心（图3—11、图3—12）。楼梯间外墙转角处有抹角处理，其顶部和两侧屋顶檐部，则以纹饰点缀，与门亭处的做法一致，入口望柱上设云纹，下部以线脚强调（图3—13～图3—15）。整个建筑外立面材料为浅黄色面砖和抹灰墙面，砌出比较简洁的凹凸和纹理变化，细部做有模仿传统构件的装饰，如花纹、梁枋、霸王拳、线脚、滴水等等均可作为建筑符号，有助于对民族形式的理解。入口门廊三开间，重点加以传统手法处理，但细部摒弃

图 3—11 原中央医院主楼局部外观

图 3—12 原中央医院今日外观

图 3-13 原中央医院楼梯间转角处理

图 3-14 原中央医院大门望柱

图 3-15 原中央医院大门及门亭

图 3-16 原中央医院主楼入口门廊形式

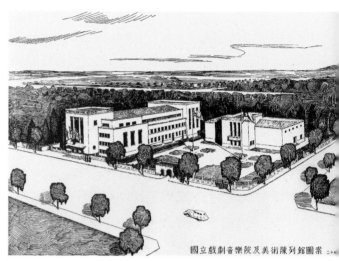

图 3-17 原国民大会堂和国立美术馆设计图纸

了中国传统建筑烦琐的做法，檐部伸出霸王拳枋头（图 3-16）。整个建筑简洁大方，尺度宜人，又能获得新颖稳重的民族风格，充分表现了建筑技术、内容和形式的高度统一，是中国现代建筑开创时期的重要杰作。

原中央医院的主创建筑师杨廷宝是中国近现代建筑的开拓者和最杰出的建筑师之一，他的创作历程见证了中国近代变革时代不同建筑潮流兴衰更替的过程，从复古主义至现代方式，他在时代建筑形式的转换和变迁中努力去适应、去创造和创新。与他早期复古作品相比，西方与中国建筑的影响在这栋建筑中体现得更加精妙，而不是直白地再现，整个建筑现代而又富于文化内涵，极好地展示了其高超的职业素养。

案例 3　原国民大会堂与国立美术馆

近代中国建筑曾一度兴起以"中华民族复兴"为观念形态的表述符号和有关话语，而"中国式

的现代建筑"则基于现代建筑的技术平台，提取中国古代建筑部分装饰元素，经简化后用于表达象征意象。以下两座建筑的局部虽运用中国古代建筑的装饰图案，但整体风格却与西方现代建筑相当接近，既具现代感，又有民族风格的创新（图3-17、图 3-18）。

图 3-18　20 世纪 40 年代的国民大会堂

原国民大会堂又叫国立戏剧音乐院，坐落于今南京市长江路 264 号，现为南京人民大会堂。该项目设计建造于 20 世纪 30 年代中期，基本格局为现代剧场形式，坐北朝南，左右对称，主体建筑地上 4 层，地下一层。分前厅、剧场、表演台三部分，建筑面积 5100 平方米，迎街为办公室，两旁为两层的休息室，内部结构合理，音响效果甚佳。主立面采用了西方古典构图中的基座、墙身、檐部三段划分方法，横向也处理为三部分，中段高耸，两侧呈直线展开作对称造型，体块简洁，一排排玻璃窗直贯上下两层，虚实对比生出韵律感（图 3-19）。建筑师既采纳了西方剧院的整体造型和简洁明快的现代建筑风格，又在檐口、门窗、雨篷、门扇等处巧妙地使用简化的中国传统图案作为装饰（图 3-20、图 3-21）。这使得大会堂既不同于传统国都建筑的宏大铺排，又不同于近代早期的简单模仿洋式风格，凸显"中国式的现代建筑"意蕴。该建筑不仅继承了中国传统官式建筑的宏伟气势，且细部处理也典雅不俗，尤其是庄重简洁的窗棂式弹簧门、用于视线无遮挡设计

图 3-19　原国民大会堂现状外观

图 3-20 原国民大会堂檐部

图 3-21 原国民大会堂入口局部

图 3-22 原国立美术馆现状外观

图 3-23 原国立美术馆入口

图 3-24 原国立美术馆主立面上的檐部和长窗

的斜坡地面、舒适合体的座位，以及良好的厅堂声学效果等，堪称南京民国建筑中的佼佼者。

西邻一墙之隔，就是原国立美术馆，这两座建筑物风格一致，均出自著名建筑师奚福泉之手（图 3-22）。与原国民大会堂的大气庄重相呼应，原国立美术馆的艺术气息更浓。设计师采用了相对简单的结构，主楼造型线条流畅简约，在窗户、入口和檐部的设计中适当地借用了中国传统建筑的细部处理方式（图 3-23 ～图 3-25）。内部陈设十分考究，墙壁上刻着壁画，展览大厅宽敞明亮。整体设计独具匠心，点染着淡淡的中国韵味，实为民族艺术与现代意识结合之佳作。

在这两个作品中，设计师试图发展一种摒弃"大屋顶"的"中国式现代建筑"语汇——现代建筑构成与空间布局原则同中国传统建筑元素（木结构细部如"蚂蚱头"以及槅扇门、窗等）相结合。此外，基于国民大会堂和国立美术馆的政治背景，这两个作品的意义还在于它们给予中

图 3-25 原国立美术馆前的石刻与灯具

西结合的设计理念贴上了官方标签，作为民族建筑的新风格，代表中国建筑发展新趋势的官方作品显得格外引人注目。

案例4 原中央体育场田径场

南京东郊钟山风景区的东南部，在青山绿荫之间，有一处大型体育运动设施，它就是建于20世纪30年代初期的原中央体育场。该体育场充分利用四周高、中间平旷的地势，因地制宜展开设计和建设，各项建筑均采用钢筋混凝土结构，包括田径场、游泳池、棒球场、篮球场、国术场和网球场共六个部分，总计可容纳6万人，当时的规模堪称远东第一。体育场总体布局受中国传统纪念性建筑的影响，呈对称布置。田径场位于

中央，其余设施均在中央两侧均衡排列，整体颇具规模，气势恢宏（图3-26）。

田径场是原中央体育场的主体建筑，也是当时中国最大的田径赛场，占地约77亩（约5.1公顷），平面呈常见的矩形，两端拼接半圆形；直道为南北走向，看台可容3.5万名观众；大门位于赛场东西两侧，并各筑门楼一座，西门楼为司令台，东门楼上为特别看台（图3-27、图3-28）。田径赛场设计的独特之处是东西门楼的造型处理：门楼横向分作三段，中段有着简洁的底座与平整的墙面，上部采用传统冲天牌坊的变形形式，面阔9间，高3层；柱、横额、立方体体量组合成看似牌坊实为司令台的整体建筑造型，上部设有8个云纹望柱头和7个小牌坊屋顶，

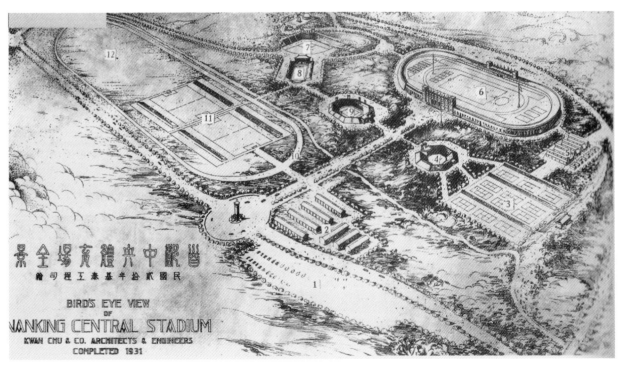

图3-26 原中央体育场鸟瞰图

图 3-27 原中央体育场田径场东门

图 3-28 原中央体育场田径场

石构的梁枋间以凹凸进退表现体积感，以带有中国传统图案的细部作为装饰。作为中国古代主要用于表彰、纪念、装饰、标识和导向作用的建筑类型，牌楼被视作中华文化的象征之一，建筑师采用这一原型不仅解决了标识和导向的问题，同时在整个空间序列中又承担了过渡转换功能。此外，从整体看，形式简洁清晰，没有繁复的装饰性斗栱，也没飞檐上的飞人走兽，是建筑师不囿于传统建筑类型的形式特点，能够灵活应用的上佳范例。门楼两端为对称体量，立面的横向与纵向均采用三段式，比例修长。上部雕刻从较大的高浮雕几何形态逐渐过渡到顶端渐变的祥云图样，不仅与旁边的云纹望柱头形成呼应，同时实现了一种古典形式的创新。这两个门楼将简洁的

传统装饰与高大雄伟的圆拱花格铁门相结合，体现了设计者探索中西结合的匠心（图3-29～图3-31）。

纵观整座建筑，在建筑功能上吸取了西方现代体育场的先进经验，因而布局合理，场地开阔；而在建筑风格上，尽管运用了大量中国传统建筑中的元素，却以简洁的方式组合在一起，形成了简约典雅、富有中国韵味的形式特点，使得整个建筑群体显得坚固壮观、协调统一。在中国近代史上具有重要地位和影响。正如当年的《建筑专刊》评价的"纵观体育场建筑，规模宏大，体制堂皇，能运用中国建筑精神切合时代需要，唤醒国民，保存国粹，化旧为新，非不可能予中国建筑以新生命，造成东方建筑复兴之创格……"。[1]

图3-29 原中央体育场入口大门细部之一

图3-30 原中央体育场入口大门细部之二

图3-31 原中央体育场入口大门细部之三

1 陈希平,中央体育场筹建始末记. 中国建筑. 1933年一卷三期

3.2 追逐潮流的近代商业金融类建筑

商业金融建筑在中国近代公共建筑中数量多、分布面广，与普通城市居民的日常生活关系最为密切。除了旧式店铺外，新式商业金融建筑包括银行、大型百货公司、大型饭店、影剧院、俱乐部、游乐场等，是近代中国城市商业区规模最大、近代化水平最高、建筑艺术面貌最突出的建筑类型。作为当时一种新类型，商业金融类建筑明显受外来文化影响，为满足商人求新求异并青睐洋式门脸的特点，建筑设计追逐潮流，面貌多呈现时髦而多样的西式风格，如古典风格、折中式样或中西混合，力求在城市形象中有所突出。此外，这类建筑中不少是多层、高层或大空间、大跨度、高标准的高楼大厦，因此建筑师在处理造型时，民族特色更适合于以一种简化模式出现，这也是在该类型建筑中涌现出一些新民族形式风格代表作的原因之一。

案例1 北京交通银行

在近代中国众多采用西方古典样式的银行建筑中，位于今北京前门外西河沿的交通银行办公楼，因采用中西合璧的建筑风格而显得别具风采（图3-32）。

交通银行是著名建筑师杨廷宝的又一代表作，1931年建成。建筑占地约2000平方米，钢筋混凝土结构，临街4层；底层为营业大厅，其周围布置办公室和辅助用房；地下室为金库。功能分区明确，交通流线合理；门厅部分采用通高设计，符合现代建筑设计理念（图3-33、图

图3-32 交通银行外景之一

3-34）。立面设计采用横三段、竖三段的西方古典主义构图形式，外墙简洁。中国民族形式主要体现为具体的细部处理方式：底层处理较为敦实厚重，用花岗石贴面，强调其作为基座的稳固之感，有中国古代宫殿建筑台基之意味；墙面采用水刷石饰面，上部用大块云纹花饰，檐口铺琉璃瓦，并施以斗栱装饰。其沿街立面暗合中国传统石牌坊构图，门窗加设琉璃门窗罩和雀替，所有细节装饰均采用石雕卷云饰与其他彩绘花饰，强化了设计的精致感。入口为垂花门样式，配合两

图 3-33 交通银行正立面图

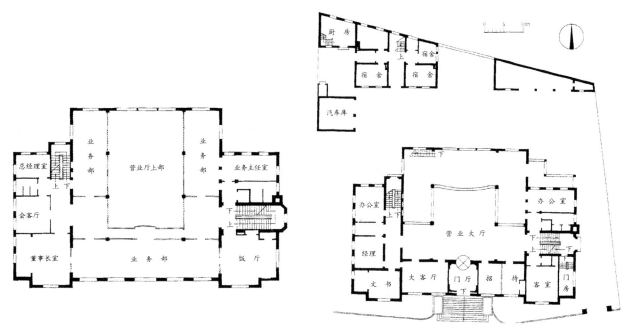

图 3-34 交通银行各层平面图

尊石狮（图3-35～图3-37）。值得一提的是，银行内部一改外观简约仿古造型的手法，隔扇栏杆、梁枋彩绘、藻井式天花等，均采用更为纯粹的中国古典式样，一定程度上反映出业主对此类室内装饰的偏好（图3-38）。

北京交通银行以西式建筑构图为本，不用大屋顶，融合中国传统装饰题材和细部，形成一种具有民族格调的建筑形式，这种设计手法使该建筑与所处的前门大栅栏传统商业区颇为适应。从时间上看，这件作品也开辟了"新民族形式"建筑的先河，并对中国近代建筑设计产生较为深远的影响。近代银行建筑体现了近代经济类建筑从传统形式向西方建筑形式发展演变的过程，该建筑不仅在中国近代建筑史上具有重要的地位，也成为北京城市风貌不可分割的一部分，1995年成为北京市文物保护单位。

图3-36 交通银行外景之二

图3-35 交通银行檐口细部

图3-37 交通银行外墙装饰细部

图 3-38 交通银行营业厅上部天花

图 3-39 外滩北段两座醒目的近代建筑——中国银行（左）、沙逊大厦（右）

案例2　上海中国银行总行大楼

原中国银行总行大楼坐落在今上海市外滩23号，是中国银行业乃至近代中国金融业最重要的物质文化遗产之一，也是列入全国重点文物保护单位的建筑。20世纪30年代的中国建筑界正处于中国建筑师"自立"时期，在与世界现代主义设计潮流接触中，中国建筑师表现出强烈的民族意识。这一时期上海外滩唯一由中国建筑师参与

设计的中国银行大楼，在当时颇为流行的西式建筑风格、形式、材料中，努力融入民族形式，使它在外滩建筑群中，显得鹤立鸡群，成为外滩"万国建筑"群中最具中国特色的一座建筑（图3-39）。

中国银行大楼建于1937年，实施方案由中国建筑师陆谦受和英国公和洋行（Palmer & Turner Architects and Surveyors）合作设

图 3-40 中国银行营业厅内景

图 3-41 中国银行室内细部之一

图 3-42 中国银行室内细部之二

计，建筑占地面积 3000 余平方米，建筑面积达 38000 平方米，东部塔楼 17 层，高 76 米，钢框架结构。设计师完全按使用要求合理组织平面，设施先进，表现出功能主义的设计理念。营业大厅面积 1300 平方米，层高 10 米，号称远东最大的银行营业厅（图 3-40～图 3-42）。中国银行建筑体量采用高低错落的组合方式，主体塔楼建

筑的正立面朝向外滩与黄浦江，外墙用花岗石贴面。整体造型为现代风格的摩天楼，在表达现代建筑特征的同时，却多处局部采用了中国传统装饰，如顶层扣上一顶平缓的中国传统四角攒尖屋顶，覆盖暗绿色琉璃瓦；檐部作石质斗栱和荷叶纹；立面两侧 4 层到 16 层的实墙上设计了传统漏窗，入口和女儿墙处都饰以精致洗练的中国传

图 3-43 中国银行外观

图 3-44 中国银行塔楼上部

图 3-45 中国银行附楼

统纹样（图 3-43 ～图 3-45）。值得一提的是，正门门楣上有一幅非常别致的"孔子周游列国"浮雕，大门口安置的一对中国独有的聚财、护财神兽"辟邪"石雕，它们在历史上都曾散失或损毁，如今皆已恢复（图 3-46、图 3-47）。建筑室内也多处出现中国装饰元素，如"节节高"花饰的铸铁格栅，营业厅天花采用"八仙过海"图案等。这种现代与传统共处一体的特点，充分表现了中国建筑师在自立时期的文化心理。当然，中国银行大楼这种试图将中国传统建筑手法和现代摩天楼结合的折中做法也面临着难以摆脱的困境，特别是攒尖屋顶和高层体量间比例欠妥，虽然在建筑艺术上有突破但构图效果欠佳，是遗憾之处。[1]

中国银行大楼采用了一种极简洁的仿古手法，为中国近代高层建筑领域探索民族形式进行

图 3-46 中国银行入口与门楣

---

1 刘先觉著.中国近现代建筑艺术.武汉：湖北教育出版社，2004.P77

图 3-47 中国银行门外的神兽辟邪

了有益尝试。很长一段时间里，它与尖顶高耸、带有明显西方装饰艺术风格的"沙逊大厦"珠联璧合，成为上海外滩建筑群北段的标志性建筑，也常作为上海市的标志形象，印入信封、邮票、明信片和其他类型宣传品。

案例3 上海大新百货公司

作为20世纪初远东地区最大和最繁华的商埠城市，上海在20世纪20～30年代商业建筑建设得到迅速发展，出现了一大批与中国传统商业店铺截然不同的西式综合性商业大楼，包括闻名遐迩的先施、永安、新新、大新四大百货公司，而其中以大新公司最具时代特色。

图 3-48 上海繁华市区中的大新公司（现上海第一百货）

图 3-49 大新公司方案设计效果图

图 3-50 大新公司全景透视

图 3-51　大新公司屋顶花架和栏杆

图 3-52　大新公司室内柱头上仍保留一些具有传统韵味的细部

大新公司坐落在繁华的上海南京路上，现为上海市第一百货商店，1934 年筹备并开始设计，1936 年建成开业（图 3-48、图 3-49）。与其他三家百货商店选择外国洋行进行设计不同，大新公司延请由中国建筑师关颂声、朱彬、杨廷宝等组成的"基泰工程司"负责设计工作。大楼高 10 层，占地 3600 多平方米，建筑面积约 2.8 万平方米，采用钢筋混凝土框架结构与无梁楼盖。建筑外观简洁疏朗，从现代功能要求出发，采用平屋顶和简洁的窗、墙分割形式，立面只在屋顶栏杆、花架下的挂落处装饰有局部的江南传统形式和图案，使这栋近代建筑具有中国式的风韵。底层门面贴青岛产黑色花岗石，橱窗用中国黑闪石装饰。墙体采用机制煤屑砖，外贴米黄色釉面砖，作竖向线条处理（图 3-50、图 3-51）。铺面商场地坪全用意大利云石与柚木地板。大新公司不仅规模大，而且设备新，在国内首创地下商场，地下室至三层是商场，四层设写字楼、茶馆和商品陈列所，五层设舞厅和酒家，6 至 10 层是游乐场。楼内装置美国进口 OTIS 电梯 7 部，其中最引人注目的是一至三层装有两部当时国内首例自动扶梯，曾为商场招揽了很多好奇的顾客。该楼柱网间距较大，采光良好，各层商场内部都装有暖通空调设备（图 3-52）。

1953 年，大新公司大楼改为上海市第一百货商店。20 世纪 80 年代前，它是全国最大的百货商店，其热闹的购物场景成为几代中国人共同的记忆。

3.3 新中国官方建筑运用民族形式 的低调处理

新中国成立后，百废待兴，在强烈的民族自豪感和自尊心驱动之下，建筑成为新的国家意识的集中体现，显著影响着建筑艺术的繁荣与衰落，并直接影响着处理传统与现代之间关系的方式。在新政权的直接指导下，"民族形式"成为建筑创作实践必须关注的重要问题。这时，受"民族主义"与"复古主义"潜移默化的影响，"大屋顶"获得的青睐不减当年，当然，它现在要体现的是社会主义国家的伟大气概。在轰轰烈烈之中，"适用、经济、美观"和"勤俭建国"的建设方针暂时被搁置一边。这一情形在 20 世纪 50 年代后期逐步转变，伴随国家经济状况的低迷，建筑活动必须充分考虑经济因素，建筑风格也随之逐步趋向简洁。节制而有效地使用传统或民族符号，设计出体现民族性、时代性和地方性特征的建筑，成为对标志性或官方建筑形式的一种普遍做法。从形式上看，这种对民族形式的低调处理与民国时期的"中国式的现代建筑"十分相似。

图 3-53 北京天文馆效果图

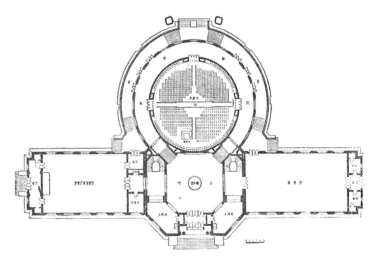

图 3-54 北京天文馆一层平面图

案例1 北京天文馆

北京天文馆是中国第一座演示天象的建筑，与新中国成立初期著名的北京十大建筑完成于同一时期，由建筑大师张开济设计，建于1956 ~ 1957 年。其设计处理以天象厅穹顶为中心，简练而富有个性（图 3-53）。

该馆位于北京市西直门外大街南侧，占地面积 2.5 公顷，建筑面积 3500 平方米，是普及天

文知识，放映人造星空的场所。天文馆分天象厅、讲演厅和展览厅三个部分，建筑布局根据功能采取对称布置，轴线串联（图 3-54）。立面正中八角形的门厅高起，不仅作为交通枢纽，同时又是一个展厅，装置了 10 米高的傅科摆（一种证明地球自转的仪器）。门厅两翼分别为展览与演讲厅，门厅后紧连着主体部分——穹顶的天象厅，

图 3-55 北京天文馆天象厅穹顶

之间交通以围绕在天象厅周围的廊厅来联系。天象厅平面为圆形，穹顶分内外两层，外顶为直径25米的钢筋混凝土薄壳结构，内径为直径23米象征天穹的半球体，内设254个座位，中间安装精致的国产大型天象仪，可表现日月星辰、流星彗星、日食以及月食等天象（图3-55）。

立面处理基本从表现内容出发，正中较高的是门厅，后面升起天象厅铜皮饰面的圆顶，两侧体量对称展开，用斩假石模仿花岗石墙面。整个造型基本采用西洋古典建筑的手法，庄重典雅，墙面、檐口运用了一些中国传统云纹图案，点出人与天的关系（图3-56、图3-57）。建筑以严谨、

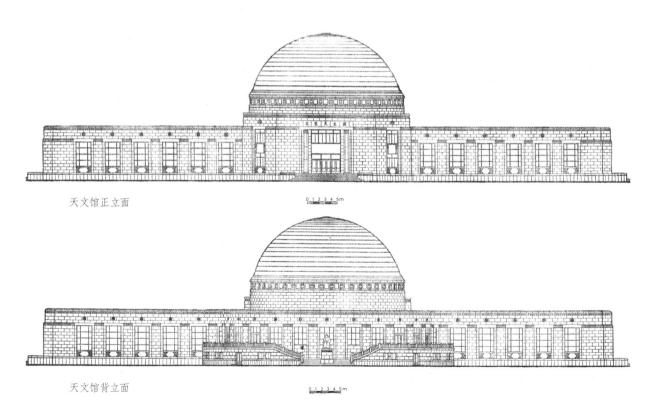

天文馆正立面

天文馆背立面

图 3-56 北京天文馆正立面图和背立面图

图 3-57 北京天文馆正立面局部

图 3-59 北京天文馆及背后的扩建部分

图 3-58 北京天文馆入口

图 3-60 北京天文馆夜景

和谐、典雅的比例和构图产生了动人的艺术感染力，设计中古典主义审美观所尊崇的单纯、对称、永恒正是古典天文学所描述的宇宙。中国素有"天圆地方"之说，所以天文馆主体采用半圆球形屋顶，不仅内容与形式十分统一，而且符合中国的传统。[1]

此外，该作品还把雕塑、绘画与建筑结合成有机整体，室外大门上方为著名艺术家创作的汉白玉连续浮雕（图 3-58），大厅的天顶装饰有一幅 100 平方米左右巨型"中国古代天文神话"彩色壁画，以古典祥云为基底，绘制了具有强烈民

图 3-61 从北京天文馆扩建部分大厅看天象厅

1　张开济等. 北京天文馆. 建筑学报 1957/01期

族色彩、家喻户晓的嫦娥奔月、后羿射日、牛郎织女、夸父追日、女娲补天五个神话故事，以及中国古代天文学中的精粹。室内外庭园中点缀有许多天文雕塑和陨石标本。

如今在该馆舍背后已扩建出规模达 2 万平方米的新馆，2004 年建成开放。老馆是象征星球的穹顶；按照爱因斯坦相对论的原理，大质量的天体会造成时空的扭曲，为此，新馆进行了大胆创新与探索，刻意把建筑立面的双曲异型玻璃幕墙扭成很大的弧度，作为老馆的背景。两栋建筑互相衬托，交相辉映（图 3-59 ～ 图 3-61）。

案例 2　北京民族饭店

在高层建筑林立、星级酒店鳞次栉比的北京长安街西侧，有这样一座建筑矗立在复兴门附近：它没有奢华酒店的炫目光芒，但依然优雅地迎接着如织的宾客；它拥有辉煌悠久的历史，但依然追逐着前卫的理念；它就是新中国成立十周年的"北京十大建筑"之一：民族饭店，虽历经半个多世纪，至今依然焕发出勃勃生机（图 3-62）。

民族饭店于 1959 年建成，共 12 层，高 48.4 米，建筑面积 3.41 万平方米，由北京市建筑设计院著名建筑师张镈主持设计。其底层为公共用房，以门厅和交通厅为核心围绕布置，标准层 9 层（图 3-63）。建筑体形采用"F"字形，使得建筑物主体基本临街向南。立面设计充分反映建筑的性格、功能要求、技术成就和民族特点。根据框架结构的基本特征，结合楼板层及暴露的柱子，整个立面划分为整齐的框格，显示出宾馆建

图 3-62 北京民族饭店外景

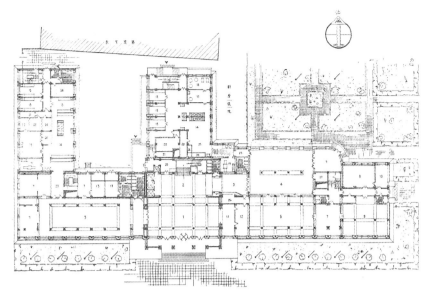

图 3-63 北京民族饭店一层平面图

筑的个性和现代感。柱子和外墙饰以淡黄色面砖，横竖相间排列（目前已改造为石材贴面），底层为花岗石贴面，局部线条采用剁斧石做法。阳台、二层平台进行重点处理，设计了简洁的出檐及中式栏杆。底层花岗石饰面，上部有粗壮的束腰线，下有基座平台（图 3-64 ～图 3-66）。整个立面形成简洁明快、真实而又富于民族风格的基调。

入口门廊由当时的艺术家合作创作了八幅镂空花饰，取自中国古代园林游廊墙壁上的建筑装饰物"花窗"，但赋予它们新的内容：表现中国工业、农业、交通运输、文化科学等事业的蓬勃兴旺（图 3-67）。该建筑体现了将现代功能、技术和中国传统文化的结合，但并没有以戴"帽子"了事，而是采取另一种更加灵活和经济实用的做法，使

图 3-64 北京民族饭店入口

图 3-65 北京民族饭店外观细部

图 3-66 北京民族饭店一角

图 3-67 北京民族饭店入口花格装饰细部

其在质朴中透出一种与众不同的气质。

在国庆十大建筑中，民族饭店开工较晚，在其他重大工程都已完成主体结构并进入装修阶段时，民族饭店才刚刚完成基础工程，因此工期十分紧迫，但最终民族饭店工程不但按时完工，其修建工程还创造出新中国建筑史上的多个第一：第一次采用高达 12 层的预制装配式钢筋混凝土框架；从开始吊装到工程结束仅用了 120 个工作日，创造了当时高层民用建筑工程快速施工的第

一例，并成为中国采用工业化施工方法建成的最高建筑。1959 年 9 月，民族饭店提前竣工并交付使用，在宽阔的长安街上显得格外引人注目，成为首都的标志性建筑之一，并在日后见证了中美关系正常化等重大历史事件。

案例 3　首都剧场

在北京的文化生活地图上，首都剧场是不可缺失的地标，它经历 50 余年光阴，伴随新中国

图 3-68 首都剧场外观

一路走来,承载着几代人心中永不磨灭的记忆(图3-68)。

位于北京王府井大街的首都剧场是新中国成立后建造的第一座以演出话剧为主的专业剧场,同时可供大型歌舞、戏剧演出和放映电影之用。1955年建成,设计者为留美的著名建筑师林乐义。剧场占地0.75公顷,建筑面积1.15万平方米,平面布局集中完整,在一中轴线上安排各主要功能空间:前厅、观众厅、舞台和排练候场厅等。其中观众厅平面为矩形,长26米,高12.5米,共设1302座,视线效果良好,顶棚采用集中式大花装饰(图3-69、图3-70)。舞台深20米,前后台功能齐全、使用方便,特别是安装一直径16米的旋转舞台,也是当时同类建筑中首例由中国人自行设计和施工的先进设备。剧场设有宽敞的休息厅,古典华贵,气势恢宏,并以造型各异的灯饰装点着淡雅的环境。

剧场建造时,正是中国向苏联"一边倒"的

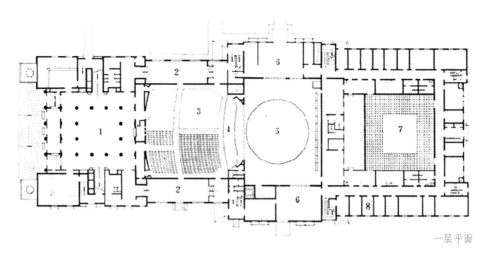

一层平面

1.休息大厅；2.休息室；3.观众厅；4.音乐池；5.舞台；6.侧台；7.排演厅；8.化妆间

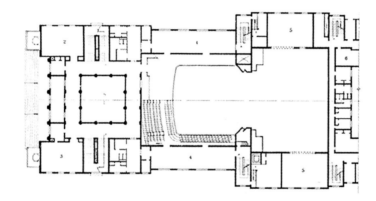

二层平面

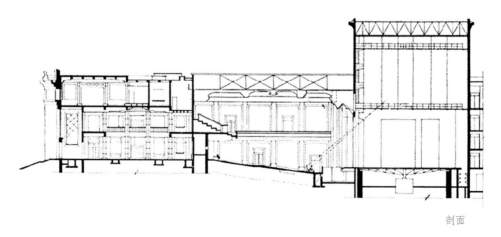

剖面

图 3-69 首都剧场平面图和剖面图

图 3-70 首都剧场观众厅天花

图 3-71 首都剧场门厅内景

图 3-72 首都剧场正面檐部

年代，建筑设计的理念也不例外。首都剧场的平面和外形构图与中亚的塔什干歌舞剧院基本相仿，主体构图呈现出与俄罗斯建筑风格相似的端庄典雅气质，外墙利用砖砌、抹灰、斩假石和线条模拟出石构建筑的厚重感，但在建筑形式和室内外装饰上却又结合中国民族传统建筑的特色，利用有代表性的中国建筑传统符号，如华表、影

图 3-73 首都剧场外立面细部纹饰

图 3-74 首都剧场一层入口

壁、雀替、额枋、藻井以及沥粉彩画等典范，进行细部再创造，使这座对称华贵的现代建筑具有强烈的民族特色（图 3-71 ～图 3-74）。这座建筑反映出设计者在创作过程中争取摆脱复古主义

的努力，它没有大屋顶、飞檐和大红柱，使用功能良好，细部推敲精道，装修也颇为考究，是新中国观演建筑的代表作之一。

首都剧场在 1955 年正式交付于北京人民艺术剧院使用，先后在剧场上演了如《茶馆》、《雷雨》、《天下第一楼》等一系列中外名著，为中国话剧艺术的发展和繁荣作出了重大贡献。而建筑本身也以其出色的创作水平，获得中国建筑学会优秀建筑创作奖。

案例 4　建筑工程部办公大楼

20 世纪 50 年代后期的中国建筑创作往往以

图 3-75 建筑工程部办公大楼

图 3-76 建筑工程部办公大楼入口

一种折中姿态出现，即以现代建筑结构和功能为基础，适当利用构件形式和装饰纹样来探索民族风格，建筑工程部（现为"住房和城乡建设部"）办公大楼是其中具有代表性的作品之一（图 3-75）。

该建筑位于北京市海淀区百万庄，由建筑工程部北京工业设计院著名建筑师龚德顺主持设计，建于 1955 ~ 1957 年，是新中国建立初期建设的大型部委办公楼之一。该项目占地 10 公顷，建筑面积 3.8 万平方米，地下 1 层，地上 7 层。建筑采用砖混结构，而能达到如此高度，在当时条件下堪称一种技术革新。建筑设计结合功能要

图 3-77 建筑工程部办公大楼入口细部

求和结构条件，采用平屋顶，外墙以水刷石饰面。建筑体量和立面处理均十分明朗，主体立面呈现气势恢宏的新古典主义构图，竖向采用三段式划分，横向对称布局，门厅以石构模仿中国传统木构建筑的梁枋、屋顶及装饰细节，下有高台阶，简繁得宜，古朴雄伟（图 3-76）。正面望去，由南至北 38 樘超大窗扇，恢宏壮丽，沉稳庄重。其檐口借鉴中国传统砖石建筑的挑檐做法，运用钢筋混凝土椽子挑出，比例优美，细部得当。此外，建筑室内外多处均以简化的中国传统建筑构件和纹样做装饰，依然具有民族建筑风貌，是民族形式后期转型的一件成功作品[1]（图 3-77、图 3-78）。1980 年代，被英国皇家建筑师学会（RIBA）推选为全球 43 个国家机关优秀办公楼之一，目前它已经使用 50 多年，历史的沧桑丝毫未磨灭其雍容典雅的光彩。

图 3-78 建筑工程部办公大楼外墙

1　邹德侬等著.中国现代建筑史.北京:中国建筑工业出版社.2010.P52

第四章 非专业的民间智慧

以中国文化为本的叠合途径

中国近代史上中西建筑文化融合存在着两种不同的途径，一种是基于中国传统建筑观念，以中国传统建筑文化为本体，吸纳西方建筑技术、纹样和造型特征的途径；一种是基于西方建筑观念，以西方建筑为本体，吸纳中国传统建筑造型特征和装饰纹样的途径。这两种途径，从文化学立场看，均显示出把建筑视为塑造人们起居格局并建构社会秩序的工具的中国传统观念，具有深刻的合理性。[1]前者主要为民间通过没有建筑师的建造实践来实现，这种非专业的智慧多发挥在与日常生活紧密相关的住宅、商业建筑中。后者则多由职业建筑师主导，类型主要包括行政、金融、学校等公共建筑，并积极采用折中式或新民族形式。

同样是中西建筑文化交融的产物，自然渗透形成的中西合璧与建筑师设计的新民族形式建筑或折中式建筑大不相同。"中学为体，西学为用"可视作民间创作的根基，即基于中国传统建筑观念、以中国传统建筑为核心，吸纳西方建筑技术、纹样和造型特征。在某种意义上说，这种途径对于中国建筑文化的坚持是下意识的、被动的，而对于西方建筑文化的吸收和容纳，则是积极的、主动的。这种途径，在中国总体上不断近代化的过程中，具有越来越明晰的民间性。值得注意的是，这种以中国建筑为本，吸纳西方元素的途径，以住宅建筑为主体，在中国幅员辽阔的地域内普遍存在，形成了中国近代建筑史上背景性的内容。例如，19世纪下半叶上海租界人口剧增，为了满足新增华人的居住需求，1870年前后，开始出现了采用砖木结构的石库门里弄住宅：实际上是由中国传统三合院住宅演变而来的城市住宅。虽然这类住宅多数并没有建筑师参与设计，却与传统三合院住宅不同：不仅采取联排式布局和两层楼房，并且随着时间的推移，越来越多地使用西式建筑材料、结构方式、施工工艺和装饰纹样。不过，在建筑平面布置上却借鉴了中国传统居住建筑的格局，遵从礼制和伦理秩序——一方面积极吸纳西式建筑材料、技术做法和装饰元素，另一方面又秉持中国传统居住建筑的空间格局。南至近代中国广东侨乡的开平碉楼，北及哈尔滨道外商店住宅混用的"中华巴洛克"建筑，以及遍布各地城市和乡村的富商豪绅的深宅大院等，皆可见类似做法。

中国人长久以来就坚持把建筑视为塑造社会秩序的基本手段，并且主要是通过确定建筑使用者在环境中的面向、位置和相互关系来实现建筑的这一功能，而建筑平面在控制人在环境中的朝向、位置和相互关系上具有关键性作用，因此在中国传统文化的框架中，建筑的平面布局应该是建筑最为核心的内容。上海石库门里弄住宅和开平碉楼等所展示的，正是在传统社会框架下，中国民众应对西方文明的一种方式。

沿用中国传统建筑平面，正是建立在中国人对于建筑本质理解和坚持中国传统建筑文化核心价值的作为。这体现在，一方面，在对建筑平面所蕴含核心价值的坚持上，中国人显得保守而固

1　王鲁民. 观念的悬隔——近代中西建筑文化融合的两种途径研究[J].新建筑2006(5): 54

执；另一方面当引用西式建筑元素时，又洒脱而任性，建筑细部处理往往由工匠依业主要求自由发挥，迎合普通人的审美心理，追逐社会风尚，虽欠章法，难免俗气和匠气，却也部分地保持着民间建筑淳朴率真的格调，为公众所追捧。希腊一罗马式、哥特式、文艺复兴式以及巴洛克式样等被炖成一锅"烩菜"，特别是巴洛克风格的应用较为突出，常掺杂中国传统建筑的细部装饰，形成中国化的巴洛克变体——"中华巴洛克"风格。中国建筑之传统性与现代性的冲突，很大程度上在结构、材料和构造做法等方面，而巴洛克风格恰恰在这些方面有较大弹性。它既可用中国工匠熟悉的砖木、砖石结构，也可用现代钢筋混凝土结构，可见其建筑形态有很大的包容性。事实上，巴洛克从意大利传入欧美其他国家，就已经出现很多变体，如德国、奥地利、法国和西班牙皆拥有自己独特的巴洛克风格，因此巴洛克在中国产生变体，并不难理解。另外，巴洛克与中国传统建筑存在某些观念形态的暗合：巴洛克追求运动动势，而中国传统建筑很早就运用反曲屋檐、屋角起翘等方法，使形象轻巧灵活。巴洛克繁缛的雕饰，与包括民居在内的中国传统建筑讲究丰富的细部纹饰，有异曲同工之处，这使得中国工匠能驾轻就熟地在巴洛克中揉入传统建筑细部纹饰，如字匾、雀替、望柱、卷草、垂莲、云纹等。因此，巴洛克调和了中国近代时期建筑转型过程中若干矛盾冲突，它能在民间建筑中广泛传播和发展，并非偶然。

总体而言，中国近代民间建筑普遍存在一种基于中国传统建筑观念进行中西建筑文化融合的现象，既以中国建筑为本，又吸纳西方建筑元素的结果。其中对西方建筑文化的吸收主要受社会风尚影响所致，是社会公众对外来文化自发式的反应，体现出一种非专业的民间智慧，其独特形态和创造性，真实反映出近代中国社会转型的面貌，并为我们留下宝贵的民间建筑文化遗产。

4.1 中西文化交融的标本：里弄住宅

回顾中国近现代建筑的历程，有一个主题贯穿始终，那就是对中国民族形式的追求。除了职业建筑师和学者等专业人士的孜孜探索外，大量中西合璧的建筑实践则以另外一条渠道回应了这一主题，那就是民间的传播渠道，某种意义上，这种回应产生的时间更早，波及面更广，尤其在城市住宅和商业建筑中体现得较为充分。其中，里弄住宅堪称是中西文化交融的标本，对上海、武汉、杭州、天津、青岛等地的普通百姓来说，它寄托着几代人生于斯长于斯的亲切情感，同时，作为中国近代时期特殊的建筑文化现象，它也被学术界关注和研究。里弄住宅是中国进入半殖民、半封建社会后，受西方近代建筑的影响而产生的一种低层联排式住宅，是异质文化、技术交流的产物，是中国建筑史或住宅史上的重要建筑类型。里弄住宅最早出现在上海，自19世纪后期开始建造，到1949年新中国成立之前已经成为上海、天津、武汉等城市中建造数量最大的住宅类型。

图4-1 上海市中心20世纪30年代鸟瞰

案例1　上海石库门

石库门是最具上海特色的近代民居建筑。作为时代建筑的典范，相对于外滩而言，老上海的石库门建筑群更多地体现了上海混血文化的特征。它产生于19世纪70年代初，太平天国战乱迫使江浙一带的富商士绅纷纷举家迁入上海租界寻求庇护，外国房产商乘机大量修建住宅。为充分利用土地，这些住宅大多按联排式布局修建（图4-1、图4-2）。20世纪之后，中西合璧的石库门住宅在上海迅速发展并占据主流。这种建筑以石材做门框，以乌漆实心厚木板做门扇，上有铜环一副，因此得名"石库门"。

为了迎合中国传统的家族居住形式，石库门除部分模仿联排住宅之外，其布局大致类似于江南传统民居。一般为三开间或五开间，保持了中国传统建筑以中轴线左右对称布局的特点。进门是横长天井，其后为客厅，继而是后天井，其进深仅及前天井的一半，有水井一口。后天井后面为单层坡顶的附屋，一般作厨房、杂屋和储藏室。

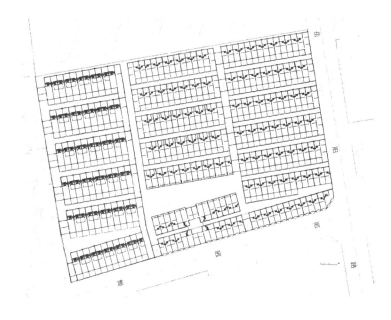

图4-2 上海建业里总平面图

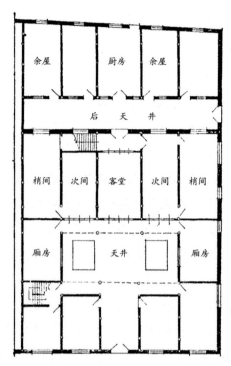
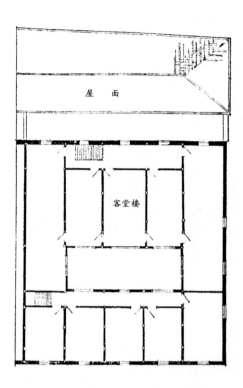

图 4-3 早期的一种里弄住宅平面图

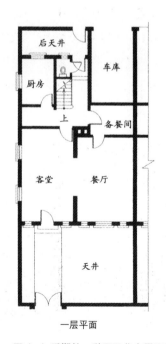

一层平面　　　　　　二层平面　　　　　　三层平面

图 4-4 后期的一种里弄住宅平面图

图 4-5 画家笔下的里弄小学

前天井和客厅两侧分别为左右厢房，二层的布局基本与底层相同，唯厨房之上设"亭子间"，再往上是晒台(图 4-3)。整座住宅前后各有出入口，正立面由天井围墙、厢房山墙组成，正中即为"石库门"。它虽处闹市，却仍保有高墙深院、闹中取静之便利，颇受当时寄居于此的华人士绅富商的欢迎。

20 世纪初以来，随着上海居民家庭结构的小型化，生活习惯也发生明显变化，石库门住宅的布局和样式也随之改变。在新式石库门建筑中，空间围合仍是主要特征，但不再讲究雕刻，而是追求简约，多为"单进"（无厢房），适宜小型家庭居住；也有"两进"（一客堂一厢房），满足更大规模家庭的需求（图 4-4）。弄堂宽约为 4 米，建筑多为 2 ～ 3 层；在楼梯平台处设亭子间，立面设阳台；20 世纪 20 年代后建成者，一般都安装了现代卫生设备。20 世纪 30 年代以后，由于上海住房紧张，部分住户又将多余房间出租他人，所以大多数石库门改变了设计初衷，成为多户小家庭同住一门的住宅，人员复杂，但邻里关系更为密切（图 4-5 ～图 4-7）。

图 4-6 上海步高里的巷道

图 4-7 上海石库门里弄

图4-8 上海里弄入口之一

图4-9 上海里弄入口之二

图 4-11　上海石库门住宅外观之二

图 4-10　上海石库门住宅外观之一

石库门建筑造型多借用西式建筑风格，装饰丰富，体现了共性与个性的统一。外墙多用清水砖墙做法，以青砖或红砖砌筑，亦有青、红砖混用者，以石灰勾缝，山墙、弄堂口过街楼重点装饰。早期石库门建筑常见"马头墙"或"观音兜"山墙，后多用西式风格（图 4-8 ~ 图 4-11）。石库门头装饰，早期与江南民居门罩相仿，做成中国传统砖雕青瓦压顶门头式样，也有以吉祥文字装饰门头，门框均为条石，石过梁两旁附有刻花石雀替；后期则受西方样式影响，仿做西方古典建筑的装饰，常用三角形、半圆形、弧形或长方形的花饰，形式多样，精雕细琢，风格各异，是石库门建筑造型中最有特色的部分（图 4-12）。

石库门是老上海数量最多、最为普及的平民化居住建筑，至今还留有大量石库门住宅。石库门建筑既有江南院落民居的格局，又融合欧洲联排住宅的布局特点，是中西合璧建筑的结晶，更体现了聚族而居、以合为主，分而不隔、互相照应，对外封闭、对内敞开等居住文化特点。这些石库门衍生了上海的地域建筑文化，留存了上海的记忆，是中国近现代建筑史中的优秀建筑群体。

图4-12 丰富多样的上海石库门门头

案例2　武汉里份

里弄住宅，在武汉称"里份"，和上海的石库门是同义词，最早是由来武汉的上海开发商首先经营，因此与上海石库门的建造模式十分相近。武汉的里份民居是当地近百年民居文化的一个缩影，也是汉口开埠之后西式联排住宅和中国传统合院建筑的结合体，并成为展示独特地域建筑文化的一个重要载体（图4-13）。

里份民居多建于19世纪末、20世纪初到1937年抗战爆发前。这30多年间，武汉共建有里份208条，主要在汉口，大体可分为几类：一部分为市民自发建设，规划较差，建筑狭小，多用木结构，生活设施不完善，但也最具市井气息；一部分为富商合力出资建设，有早期房地产开发

的意味，规划较好，多为砖木结构两层小楼，联排式布局，外观齐整。房屋中间是堂屋，两侧厢房，后面有楼梯及厨房，有的还有后院。里份内的通道宽敞，生活设施齐备，如同兴里、汉润里、上海村等（图4-14～图4-18）。1861年汉口开埠并设立租界之后，得西方文明风气之先，又形成了一些"洋派"的里份，由红、黑两色砖筑而成的两层小楼，楼层很高，具有典型的欧式风格。里份通常身处繁华市区，但闹中取静，尺度宜人，邻里关系非常密切。

里份能够充分体现建筑的人性化魅力。针对武汉"火炉城"的特点，里份民居追求适应季节变化、缓解夏季室内炎热之苦。房间内有良好的通风，并增设遮阳设备。窗户做成两层，内层为

图 4-13 武汉市汉润里鸟瞰（东南大学李百浩 提供）

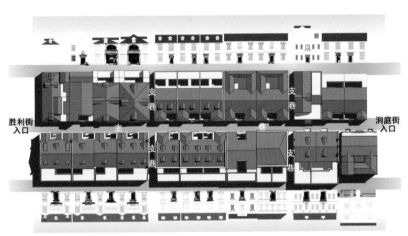

图 4-14 武汉市汉口同兴里平面、主巷内立面现状（东南大学李百浩 提供）

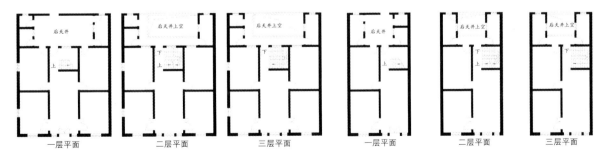

图 4-15 武汉市上海村三开间平面图（东南大学李百浩 提供）　　　图 4-16 武汉市上海村二开间平面图（东南大学李百浩 提供）

图 4-17　武汉市上海村主巷（东南大学李百浩　提供）

图 4-18　武汉市上海村第二次巷（东南大学李百浩　提供）

图 4-19　用几何图案装饰的门框之一
（东南大学李百浩　提供）

图 4-20　用几何图案装饰的门框之二
（东南大学李百浩　提供）

图 4-21　门楣上以植物为题材的纹饰
（东南大学李百浩　提供）

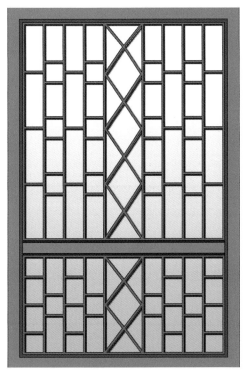

图 4-22 武汉市洞庭村 9 号窗框

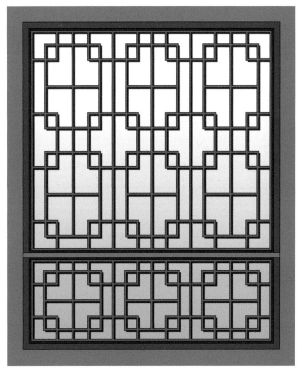

图 4-23 武汉市洞庭村 23 号窗框

玻璃窗，外层为木制百叶窗。居室内用木栏杆内衬木裙板之"隔栅"，将室内空间隔成几间，隔栅上多有精美雕刻，冬季可让居室内增添几分典雅和古朴；夏日卸去，空旷敞亮，便于白天通风、晚上乘凉。

武汉是"五方杂处"的城市，有较强的文化包容性。穿行在这些优秀的里份民居中，我们可以直接感受到建造者的灵活与巧思：在接受西方近代建筑的同时，又使用自己的建筑语言重新加以诠释。中式牌楼、西式门楣或中西合璧的装饰应有尽有（图 4-19～图 4-21）。住宅内的局部装饰也很细致，木质花格窗、栏杆、裙板等做工精细，装饰常采用中国传统花饰图案，呈现一种传统民居精巧、素雅的装修风格（图 4-22、图 4-23）。这些不同风格的做法凝练成为里份民居建筑独特的文化内涵，也负载了一段历史的记忆。

4.2 各具特色的私人宅院

和开埠城市或被租借城市受西风影响的里弄住宅相比，中国广大城镇和乡村中传统住宅的近代化过程是缓慢而渐进的。在强大的传统文化精神笼罩下，乡村地区始终实践着以中国文化为本的中西合璧途径，极少全面西化，用"中学为体、西学为用"概括较为恰当。私人宅院的主人多是深受传统文化影响的官绅，一方面他们对西洋建筑文化感到新奇，其中不少人从事民族实业或有着海外生活经历，意识到现代西方文明的先进性。出于心理上的追慕或是身份、地位的彰显，抑或是事业上的便利，他们选择了一种相对西化的生活方式，并将其体现在建筑中。但即使是那些很崇尚西方文化的大资本家和大官僚，他们使用西方建筑语言仍然很有节制，不论是园林的亭台轩榭，还是私人豪宅的整体院落布局，以及开间形式、厅堂结构、门楣、牌匾、对联等，这些元素所传达的还是主人追求正统中国文化的思想，甚

至有些建筑构件是西式的，象征背后文化精神的图案却是中式的。这种审美差异造成的对比颇为强烈，但恰恰是当时中国社会结构和文化趣味变化的真实写照。

案例1 开平碉楼

广东省开平市的田野上，一座座中西合璧的城堡式小楼与中国南方农村的传统民居交织在一起，形成绝无仅有的乡间景致（图4-24）。开平碉楼是中国乡土建筑中的一个特殊类型，始建于明代后期（16世纪），是一种集防卫、居住和中西建筑艺术于一体的多层塔楼式建筑。20世纪

图4-24 乡村环境中的开平碉楼

二三十年代，开平碉楼发展达到鼎盛，最多时有3000多座，至今仍完好保存了1800多座。开平碉楼规模宏大、品类繁多、造型别致，融汇了各种建筑风格的精髓。2007年它被列入世界文化遗产目录时，对它的评价是："展现了中国和西方建筑与装饰的华丽结合"，"体现了开平移民在19到20世纪早期阶段中在东南亚、大洋洲和北美发展上起到的重要作用。也体现了开平海外移民和他们家族的紧密联系。"

开平地区是著名的侨乡。华侨挣钱回家买地建房娶妻生子；在土匪的眼里，华侨便是"肥肉"。于是，"富家用铁枝、石子、水泥建三四层楼以自卫；其艰于资者，集合多家而成一楼。"因此，碉楼主要是当地侨胞为保护家乡亲人的生命财产安全而兴建的住宅，在建筑格局和结构上充分体现了防御功能：砖石或混凝土外墙厚实坚固，大门是沉重的钢板，窗户小并装有铁栅，俨然是防卫保守的姿态；顶层向外悬挑，形成瞭望台，四面都有射击孔，在历史上对保护村民生命财产安全有很大贡献（图4-25）。

在类型上，开平碉楼大体分三种：一是更楼或灯楼，建在村头、村尾或山丘上，供民团及更夫使用，里面有枪支、探照灯及报警器，一旦发现匪贼立即报警，让村民准备。二是众楼，由十多户或几户人家合资兴建，这种碉楼有3～6层，每层设有2～4间房，如有匪贼或洪涝，各户人家可住进众楼，以避灾难。三是居楼，由华侨独资兴建，用于长久居住。开平碉楼外观是中西合璧的建筑，千姿百态，有柱廊式、平台式、城堡式的，也有混合式的（图4-26～图4-29）。

图4-25 堡垒式的开平碉楼

图4-26 开平碉楼之一

图 4-27 开平碉楼之二

图 4-28 开平碉楼之三

图 4-29 开平碉楼之四

其最大特点是按照自己的意愿选取不同的国外建筑式样综合为一体。村民可以将中世纪的城堡搬到岭南乡野，并为它们添加多立克列柱和哥特尖券，还将巴洛克时期的绚丽桂冠戴在它们头上，再配以精巧的科林斯毛茛叶和柔美的爱奥尼卷涡。窗套、窗楣和山花都独具匠心，非但如此，在它们身上还能看到中式传统的灰塑和飞檐。这些建筑野心勃勃，极尽华贵之能事，恨不得将从古希腊到文艺复兴以及古老中国、印度、伊斯兰的所有修饰都穿戴于一身，它们在开平碉楼中和谐共处，表现出独特的艺术魅力，虽饱经沧桑，却依旧富丽堂皇（图4-30～图4-32）。碉楼虽然在造型上接近西方要塞城堡，装饰风格上也大量采用洋式，但其平面布局则延续当地住宅的传统。多采用当地传统的三开间平面，其承传关系可追溯到闽南传统的两开间"明次屋"住宅，朝向多面南背北，当地在建筑底层或顶层厅堂正面设祖先牌位的习俗也延续下来。迄今为止，尚未发现碉楼的设计图纸，也没有确实证据表明碉楼的建造有受过近代建筑教育的设计师参与，加之西方建筑构件的施工技术也不够成熟，似乎可以认为大多数碉楼是当地工匠根据来自海外的照片或绘画中描绘的建筑形象，按照楼主的要求，加上自己的想象，结合已有的建造经验发挥创造的产物。

开平碉楼将中国传统乡村建筑文化与西方建筑文化巧妙地融合在一起，体现了近代中西文化在中国乡村的广泛交流，成为独特的世界建筑艺术景观。进一步说，开平碉楼的真正价值在于建筑背后。表面来看，开平碉楼是华侨文化的体现，但以更广阔视野来看，它是跨国、跨地域迁移所带来的世界性移民文化的集中反映。

图4-30 开平碉楼的西洋装饰

图4-31 开平碉楼历经岁月的洗礼

图4-32 开平碉楼外墙一角

图 4-33　水边的张石铭故居高墙

图 4-34　张石铭故居入口

案例2　浙江湖州南浔镇张石铭故居
（懿德堂）

　　位于浙江湖州南浔镇上的张石铭[1]故居，又名"懿德堂"，是中国江南地区典型的士绅大宅，宅中数以千计的石雕、砖雕、木雕、玻璃雕堪称"四绝"，尤以"西洋舞厅"、"芭蕉厅"著名。懿德堂三面绿水环绕，也是一处外朴内秀的重重深院。它的门楼虽高，但外表并不过于奢华，看上去是一色的乡间粉墙黛瓦，在幽静恬淡的水边，划出一道黑白相映的倒影（图4-33、图4-34）。所有的"财气"和建筑的精华部分，都包藏在高墙深院之内。建筑以明清传统风格为主，兼有欧式建筑风格，是中西合璧的经典之作，具有很高的艺术、建筑和文化价值。

　　这处宅子占地约8亩（约5333平方米），坐西朝东，前临古浔溪，建筑面积7000平方米，纵向约有五进院落，中轴线两侧，还不规则地分布着许多大大小小各式各样的耳院和跨院。历经百年沧桑后，目前还存有244间房屋。无论是规模还是奢华程度，都属江南罕见的豪门巨宅之一，基本保持明清历史旧貌。其风格之奇特、结构之恢宏、工艺之精湛、建筑之精巧，无愧于"江南第一名宅"之美誉。

　　张石铭旧宅内庭院深深，回廊曲折，楼层错落。前进院为二合院，二三进院为三合院；前进院二合院有轿厅，面阔四间，和轿厅相连的是一

1　张石铭（1871-1927年），名钧衡，浙江省湖州南浔人，清光绪二十年（1894年）举人。张石铭是南浔巨富之一张颂贤的长孙，国民党元老张静江堂兄。他酷爱收藏古籍、金石碑刻和奇石，为南浔清末民初四大藏书家之一，也是杭州西泠印社的发起人和赞助人，并与吴昌硕、毛福庵等文人名士过从甚密。除了收藏外，他所兴建的宅院——懿德堂以规模宏大、雕刻精美、建筑风格中西合璧而著称。1925年他遭绑架和勒索，经此惊吓后于1927年在上海去世。

图 4-35 张石铭故居主厅——懿德堂

座砖雕如意门楼，采"群仙祝寿"主题图案，雕刻用镂刻手法，层次分明、富立体感。与门楼相对的是正厅懿德堂，面阔三间，高大宽敞，厅后有屏门，需要时全部打开（图 4-35）。二进一厅二厢，称"小姐楼"，供女眷接待理事和居住。楼厅装修极为精致，楼上朝天井的一圈玻璃窗，镶嵌一组法国刻花蓝晶玻璃。玻璃上的图案是菱形的四时花卉鲜果，惹人喜欢（图 4-36、图 4-37）。所谓芭蕉厅，其实是一处栏杆、门框和漏窗上都雕刻了优美的芭蕉叶图案的典雅庭院，其雕刻手法完全是西洋式的，叶瓣宽大而舒卷，夸张得恰到好处，皆用碧绿色彩。芭蕉叶上一个个小圆眼，据说当时都镶嵌了透明的玉石，用以表现蕉叶上的露珠（图 4-38、图 4-39）。最不可思议的是这组院落西部的两栋西洋楼，墙面屋顶由红色砖瓦砌筑，从壁炉、玻璃刻花到科林斯式铁柱等，体现出欧洲 18 世纪的建筑风格，地砖及油画则均从法国进口。楼下是一个非常阔气的舞厅，舞厅内有化妆间、衣帽间、大壁炉、乐池，顶棚上

图 4-36 张石铭故居庭院深深

图 4-37 西洋进口的蓝晶刻花玻璃

图 4-40 张石铭故居——西洋式样的跳舞厅

图 4-38 张石铭故居——芭蕉厅前的廊轩

图 4-39 张石铭故居——芭蕉厅院落中的漏窗

图 4-41 张石铭故居——西洋楼

图4-42 张石铭故居——庭院一角的阳台之铸件、栏杆

图 4-43 张石铭故居冬日外景

挂着精美的水晶吊灯（图 4-40）。走出舞厅来到南边的小院，则可以看到另外一番风韵——入口门楼几根石柱，柱头上有西式雕花，柱头顶着个半圆形阳台，上面用铸铜的雕花围了圈栏杆。这栋楼的楼顶上额部分，还镶嵌圆形的镜子，在广玉兰老枝新叶的摩挲下，映照着远处的白云。这个小院的对面，是一栋安装了百叶窗户的西式楼房，门楼上方是用红砖雕刻的法国图卢兹式的古典传统花纹（图 4-41 ~ 图 4-43）。以致总有游客在感叹，这哪里是太湖边上的小镇，简直是罗密欧与朱丽叶的花园！宅子中西合璧的格调正是主人自己文化经历和兴趣爱好的体现，同时还夹杂着显示身份地位和财势以及追慕西式生活和科技文化的复杂心理。

有国际旅行者在留言簿上写道："这是我们在中国江南看到的最好、最大、最美、印象最深刻的民宅。这处大宅本身就是一本大书。"的确，懿德堂以特有的中西合璧精髓，以及儒商治家的风范，使人领悟到这个家族在西风东渐这一历史大潮中的镇定和果敢。2001 年，懿德堂被国务院命名为"南浔张氏旧宅建筑群"，成为全国重点文物保护单位。

4.3 "洋门脸"和"中华巴洛克"

一个民族，总是有选择地从能欣赏的文化中，援引自己的精神资源。而欧洲巴洛克是中国近代阶段国人易接受的一种建筑文化。巴洛克建筑在中国的传播与变异过程中，与中国传统建筑合流，生成了所谓"中华巴洛克"。 近代中国民间兴建的所谓"洋式"建筑中，这种独特的中华"巴洛克风格"一度占据主流。典型的建筑例如清陆军部衙署（1908—1910 年）、北京农事试验场的大门和畅观楼（1906 年）、上海澄衷学堂（1916 年）、哈尔滨秋林商行（1904 年）、道外区红十字医院（1916 年）、汉口电灯公司（1905 年）、北京瑞蚨祥绸布店（1900 年）等。从建筑类型看，它涵盖了办公、商业、医院、学校、园林建筑等主要类型。其中，城市中的商人尤为积极，他们纷纷改换门面，以"洋式"巴洛克门面招揽生意，一时间造型醒目夸张的巴洛克式洋式商店遍布城镇。从传播范围看，这种中华巴洛克甚至扩散到村镇。民居中能够将中国仿木结构门楼与巴洛克装饰组合得丝丝入扣，即使是最能体现中国地方传统文化的宗祠建筑，也受其濡染。这种巴洛克建筑的变体在一定程度上适应了近代国人求新求变的精神状态，其形态又与中国传统建筑存在某些暗合而易于接受。特别是中国工匠能得心应手地将某些巴洛克语汇，转换成新颖的建筑形式，这也许正是为什么"中华巴洛克"能表现出相当好的创造性和适应性。

案例1　北京瑞蚨祥绸布店

20世纪前后的晚清在西方势力入侵的压力下，中国社会和城市逐渐体现出包容异国文化的特征，这中间既有对外来文化的主动吸收，也有对外来文化渗透的无奈和被动适应。其中许多商业建筑从建筑造型到内外装修，都显现着中西建筑文化的碰撞。其折中主义的处理手法、拼凑的建筑细部造型，都表现出中国半殖民地半封建社会商业建筑的典型形象。较具有代表性的就是享誉海内外的中华老字号——瑞蚨祥绸布店（图4-44、图4-45）。

瑞蚨祥绸布店旧址位处北京传统商业街区大栅栏核心地段，是拥有百年历史的国家级文物保护单位。布店开业于清朝光绪十九年（1893年），1900年被焚后重建，形成目前所见的格局和外观。建筑总体上为中国民间天井式房屋结构的做法，局部采用一些西洋建筑形式或符号进行装饰，是中国民间渠道接受外来建筑文化影响的一个范例。该建筑为砖木结构，由店堂和附属用房两部分组成。店堂平面为南北方向的长方形，由传统建筑屋顶单元（勾连搭卷棚）组成，木屋架、砖墙砌筑。朝南主立面采用比较典型的欧洲巴洛克建筑风格，墙面向内呈弧形凹入，一对经过变形的爱奥尼柱式框定出中央入口，柱式、墙身为深

图4-44　旧时的北京瑞蚨祥外景

图4-45　今日的北京瑞蚨祥外景

图 4-46 瑞蚨祥中西合璧式的门楼

绿色京西地区所产青石所砌，门楼上方覆洋式铁皮顶罩棚。墙壁上有五幅白色大理石雕刻，主题为"松鹤延年"、"牡丹图"、"荷花图"等中国民间吉祥如意的图案，寓意美好（图4-46）。瑞蚨祥绸布店这种中西混合的繁缛门脸，一是形象悦目，二是特征显著，是20世纪初中国新式店铺的典型代表。门后原为两层楼高的天井，当年为达官贵人购物时停车拴马之处，现已加顶成过厅（图4-47）。过厅两侧的灰砖墙上有着"花开富贵"、"五福捧寿"两幅百年前的精美砖雕，前面还摆着红木条案、扶手椅，为旧日接待顾客之处（图4-48）。天井尽端为中式楼阁模样的二道门，其上梁枋、椽头、栏杆扶手、门扇尽施彩画雕花（图4-49）。今日瑞蚨祥绸布店室内营业面积达1000多平方米，登堂入室，装饰和格局依旧：30根柱子包着铜皮，连接着原有的间架结构，其上雕梁画栋，宫灯炫耀，彩绘天花，二层地砖还是当年西班牙进口，如今依然光洁鲜明。店堂中央恢复

图 4-47 瑞蚨祥内天井

图 4-48 瑞蚨祥雕梁画栋的二道门

图 4-49 瑞蚨祥内天井两侧的砖雕

图 4-50 瑞蚨祥营业大厅天井

图 4-52 瑞蚨祥室内装饰古色古香

图 4-51 瑞蚨祥营业大厅天井上方

图 4-53 瑞蚨祥营业厅内景

了可以自然采光的"天井"，当初顾客们就靠它看清绸布的颜色（图4-50～图4-53）。

如今，在北京前门大栅栏商业街上，瑞蚨祥绸布店依然如同百年前一样每日门庭若市，车水马龙，吸引着八方来客。绸布店建筑本身也以其独特的风貌成为当地的标志性建筑，2006年该建筑还入选了"中华百年建筑经典"名录。

案例2 哈尔滨道外区"中华巴洛克"建筑

在近代哈尔滨，道外地区是个具有中西交融特色的文化区域，当地工匠利用中国传统的建筑条件，有选择地借鉴外国，尤其是俄罗斯传统建筑形式，创造了复杂而独特的建筑形态，也就是"中华巴洛克"建筑（图4-54）。

哈尔滨道外地区"中华巴洛克"建筑中最

图4-54 哈尔滨道外区的中华巴洛克建筑（哈尔滨工业大学刘松茯　提供）

图4-55 采用传统的合院形式（哈尔滨工业大学刘松茯　提供）

图4-56 合院内景（哈尔滨工业大学刘松茯　提供）

为普遍的是中小型商业及住宅的商住混合楼型，多为2～3层，"前店后院"，底层为商铺，二层以上是砖木结构的住宅。平面空间形态主要采用合院式布局，包括三合院、四合院、多进院和组合院，围合院落的建筑位置灵活多样，空间形态、尺度十分丰富。内院中建筑二层普遍设置外廊，同时还配置室外楼梯，加强内院空间的联系，是"中华巴洛克"建筑空间的一种通用模式，也是此类中西合璧建筑中最能体现中原传统建筑文化的空间特色，也适应了工商业者沿街经商就近居住的需要（图4-55、图4-56）。

哈尔滨道外区的"中华巴洛克"建筑采用了外向型的立面，即临街的外形及立面效仿欧式建筑之风，样式自由，富于变化（图4-57、图4-58），西式壁柱、窗套、檐口等为基础的立面上布满中国工匠的巧妙营造，这些装饰和雕花的纹样多采用中国民间元素：石榴、葡萄、松、鹤、

图4-57 中华巴洛克建筑外观之一（哈尔滨工业大学刘松茯　提供）

图 4-58 中华巴洛克建筑外观之二（哈尔滨工业大学刘松茯　提供）

图 4-59 中西合璧建筑的丰富装饰之一（哈尔滨工业大学刘松茯　提供）

图 4-60 中西合璧建筑的丰富装饰之二（哈尔滨工业大学刘松茯　提供）

图 4-61　中西合璧建筑的丰富装饰之三（哈尔滨工业大学刘松茯　提供）

鹿等，寄托对美好生活的憧憬。此类建筑十分注重窗檐、门檐的装饰，窗户基本为拱形、矩形和椭圆形，窗口装饰丰富的线脚，形式多样的贴脸，装饰母题包括涡卷、人像、花朵、枝叶的组合等（图 4-59～图 4-61）。窗玻璃上还刻画着反映住户审美情趣和社会地位的窗花，题材多为传统的万字纹、寿字纹、如意、蝙蝠等，更显建筑既庄重典雅又精美细腻。楼顶的女儿墙，有高低起伏、错落有致的实体墙，也有整齐排列的立柱围栏，还有通心雕刻的匾额铭文（图 4-62、图 4-63）。"中华巴洛克"建筑整体造型丰富、层次鲜明、细部线脚纹饰等构成别具匠心。

哈尔滨道外区的几百栋连绵成片的"中华巴洛克"建筑群，充分显示出外来文化与本土文化碰撞后产生的边缘文化的顽强生命力和创造力。这些建筑的建造者多是民间匠师，因而深受民俗文化影响，他们既是中国传统文化的创作者同时又是生产者，他们的创造力及观念的选择多来自对生活的体验，因而更多地凭借直觉和偏好。

图 4-62 中华巴洛克建筑楼顶女儿墙（哈尔滨工业大学刘松茯　提供）

图 4-63 中华巴洛克建筑上部（哈尔滨工业大学刘松茯　提供）

第五章　意义

"中西合璧"建筑的历史影响

5.1 "中西合璧"建筑是一种跨文化现象

5.2 至今仍在持续扩展的影响

5.1 "中西合璧"建筑是一种跨文化现象

由于现代转型进程的全球性蔓延，具体到中国而言，近现代以来这一特殊历史时期，由于外力介入催生了从士农社会向工商社会的脱胎换骨的转变，所谓"中西合璧"建筑从其发生那一天起就命中注定成为一种跨文化现象——来华西方传教士与教会机构开展建筑活动，必须考虑中国人的文化背景、思想感情、现实的压力和精神需求之特点。中国境内的建筑活动由此正式地、成规模地开始了一个背负文明冲突和对话之命题的新阶段，并一直持续至今。所以，从发生学角度看，中西合璧建筑是文明冲突与对话的产物。可以预期，作为温床的这种文明冲突与对话只要存在、变化、发展一日，"中西合璧"建筑也就会存在、变化、发展一日。直到中国人彻底地从文化上找回自信心的那一天，"中西合璧"作为一个命题才可能会自行淡化乃至湮灭，尽管作为现象可能还将持续下去。对于有过类似经历的东亚诸国，大体同理。譬如当今之日本，"帝冠式"建筑早已成为过去，"脱亚入欧"与"和魂洋才"也不再为人们所津津乐道——文明冲突似乎早已烟消云散了。但这不等于日本与西方在建筑文化上的对话与交流就不复存在，日本建筑界就不再关注其传统的继承和民族性的表达。相反，实际的状况是在更高层次上得到了进一步加强，只不过双方的心态更趋于平和，姿态更趋于平等。这恐怕不能不与明治维新之后日本国力迅速增强，以至于长期雄踞世界第二大经济体之国际地位联系起来认知——国富民强，方能自信并赢得应有的尊重。

作为"中西合璧"建筑之思想精髓的"承东西之道统，集中外之精华"，确实是知易行难。前述"中西合璧"建筑在三个层面上必须加以检讨的问题由于涉及学科门类太多，国人一个世纪以来前仆后继的探索几乎是无解的——一时难以产生为各方各界所公认的结论，无论是理论、方法还是实践性的操作。但在这探索过程中，中国建筑在寻求现代性的主流方向上还是蹒跚前行，并衍生出若干更具操作性的话题：传统的本质如何认知？批判的地域主义在中国如何理解与呈现？"中国元素"究竟如何界定等等。虽然仍旧和"中国／西方"以及"传统／现代"这两对在建筑学领域内尚且极为粗糙的概念存在密切关联，但也在试图突破意识形态色彩较为强烈的文明冲突的背景之束缚，从更为多元的视角来观察和描述"中西合璧"这一现象。从这个意义上说，"中西合璧"可能成为中国建筑现代转型的助动力量之一，无论是基于民族复兴的崇高理想，还是非常现实的行业博弈。这一点，早已被建筑学科和建筑行业以外的人们所率先认知与实践，譬如李安的电影、莫言的小说。

5.2 至今仍在持续扩展的影响

王澍获得普利茨克建筑奖，从某种意义上说，似乎可理解为"中西合璧"之一路被国际建筑界认可与接纳做出的鲜活注脚——我们至少可以从以下几点管窥其中的奥妙：

5.2.1 中国问题

"这是具有划时代意义的一步，评委会决定将奖项授予一名中国建筑师，这标志着中国在建筑理想发展方面将要发挥的作用得到了世界的认可。此外，未来几十年中国城市化建设的成功对中国乃至世界，都将非常重要。中国的城市化发展，如同世界各国的城市化一样，要能与当地的需求和文化相融合。中国在城市规划和设计方面正面临前所未有的机遇，一方面要与中国悠久而独特的传统保持和谐，另一方面也要与可持续发展的需求相一致。"[1]

普利茨克本人在揭晓评委决定时所说的这番话传递出的信息应该引起中国建筑活动全体当事人的密切关注。其道理在中国经济迅速成长的最近一段时期以来已不言自明：对于整个世界而言，中国的状况已不再无足轻重。就像是许多公众人物一样，一言一行难免不被关注和指摘。王澍的核心理念正是紧紧把握了"中国问题"的时代脉搏，进而获得了世界意义（图5-1～图5-4）。

图5-1 中国美术学院象山校区"山房"外景（浙江大学郑一林 提供）

---

1 www.pritzkerprize.cn [普利茨克建筑奖（中国）官网]

图 5-2 中国美术学院象山校区 9 号楼鸟瞰

5.2.2 超越历史元素

"他的建筑独具匠心,能够唤起往昔,却又不直接使用历史的元素……王澍的建筑以其强烈的文化传承感及回归传统而著称……在其旗下完成的作品中,历史被赋予了新的生命,正如探索过去与现在之间的关系。讨论过去与现在之间的适当关系是一个当今关键的问题,因为中国当今的城市化进程正在引发一场关于建筑应当基于传统还是只应面向未来的讨论。正如所有伟大的建筑一样,王澍的作品能够超越争论,并演化成扎根

图 5-3 中国美术学院象山校区"山房"内院(浙江大学郑一林 提供)

图 5-4 中国美术学院象山校区"山房"室内(浙江大学郑一林 提供)

图 5-5 南京金陵女子大学

图 5-6 台北"中正纪念堂"（南京大学关华 提供）

图 5-7 南京梅园新村里弄式住宅（建于民国时期）院落中晾晒的衣物

于其历史背景、永不过时甚至具世界性的建筑。"[1]

这里面隐含着一个价值判断：直接使用历史元素的思路不足取（图 5-5、图 5-6）。建筑师这一职业存在的必要性在于能够针对此时此地，创造性地解决基本问题。直接使用历史元素是一种基于符号学的设计方法，甚至可以看成是土木工程师乃至于从事舞台布景工作的美工师都可以轻松使用的懒汉办法，在建筑学的价值方面缺乏足够含金量。就建筑学自身的学理而言，直接使用历史元素很难避免传统形式与当代技术之间的脱节和矛盾，从而在社会、经济与环境方面给建筑性能直接带来负面影响。因此，超越"传统／未来"之争和超越历史元素的思路值得借鉴，"氛围"才是需要关注的核心点。

5.2.3 建筑的根本

"我想建造一个有自我生命的小城市，它能把这个城市的回忆重新唤醒。""对我而言，建筑的根本是自发建造的，是源自日常生活的。我不做'建筑'只做'房子'，我在思考贴近生活本身的事物，往往是些容易被忽略的寻常事物。我把我的工作室命名为'业余建筑'，就是强调我工作的自发性和实验性，我的工作比专业的'建筑学'包含着更多的含义。"[2]

值得注意的是，王澍刻意避免使用"设计"，而代之以"建造"和"房子"。这里面包含了太多的对于当下的建筑学与建筑教育存在诸多问题的指斥与抵抗。如果设计总是从别人的完成案例

1　www.pritzkerprize.cn [普利茨克建筑奖（中国）官网]
2　www.jianshe99.com（建设工程教育网）

即所谓典例分析做起，甚至仅满足于图面生产与GDP 增值而东抄西凑，对于尚处于入门阶段的学生似乎并无大碍，但对于职业建筑师而言就非常无聊甚至危险了。与艺术创作类似，真正的有生命力的东西恰应来源于日常生活——"多年以来，我把建筑看作某些特殊的事物，某些崇高的和专注于精神世界的事物，某些未经触动过的纯净和纯洁的事物。多年过去了，我开始将普通的房屋看作为建筑。我认识到，一座房屋并不是简单的开始于一个优美的平面（设计）而终止于一张美丽的照片。我开始把建筑看作为一个经历，就像其他所有充实着人们生活的事物一样，而且它还受到生活本身的偶然性的影响"[1]——作为阿尔瓦罗·西扎的老师，费尔南多·塔欧拉的感慨浸润了多年从事建筑师职业的丰厚体验与内心世界的自我省察。所谓原创性并非一定是惊天动地的，也许它就是为建筑师们视而不见的、一些看似鸡毛蒜皮的小问题：作为有着冬春季曝晒衣被之生活习惯、同时也是建筑设计行业相当发达的长三角地区，有哪位建筑师可曾真心实意地考虑过这一场所（图 5-7、图 5-8）的设计？但谁又能断言：于此用心就不会产生迥异于当下通行做法的新型居住建筑空间呢？中国建筑师的普遍状况是：对于形式操作具有超强的山寨能力，却难以意诚心正，由于远离真实的生活乃至思想力贫乏而无心原创，这些现象之间的简单并置是如此的刺目，着实令人担忧与困惑：从建筑师"职业"一词的"谋生"与"逐利"指向上看，这样下去还能混多久？就建筑学"学科"一词"探求"真善美之指向上看，

图 5-8 南京某高校学生宿舍楼（建于 20 世纪 90 年代后期）外廊上晾晒的衣被

这样下去又有何意义？

如果拓展开来，从更为宏观的、基于中国建筑现代转型的建筑师职业史之角度看，在经济全球化背景下，不同国家、民族间的文化交流、碰撞与融合之选择性和自主性空间越来越小。这一"千古未有之变局"比之前的人类社会两次大转变要复杂、深刻、宽广得多，高新技术的传播发展使世界各国间的文化交流在范围、速度、强度、种类等方面都达到了历史上未曾有过的规模；而先期发达国家凭借自身的经济、科技优势，竭力推销、宣扬和传播其自身的主流文化和价值观念，"后发外生型现代化"国家的历史与文化在全球化的过程中面临着不是失语就是被边缘化的危险。王澍对于建筑的根本之探求至少提示了一种值得思考的机会和路向："中西合璧"建筑在未来的推进如果想摆脱形而上学层面的困扰，诸如形似／神似、传统／现代、中国／西方之类，惟有抓住建筑学之学科自主性和建筑师职业之专门性以及二者之间的互洽支点——建造。

---

1 蔡凯臻 王建国 编著. 阿尔瓦罗·西扎. 北京：中国建筑工业出版社, 2005.12

图片来源 *

图　号	来　源
图1-1	中国建筑.1934. 2(5)
图1-3	卢海鸣 范忆.老明信片 南京旧影(M).南京.南京出版社.2012
图1-5，图2-54~图2-56	www.ypdj.cn
图1-6	中国建筑.1934.2(4)
图1-8	李百浩 主编.湖北近代建筑(M).北京.中国建筑工业出版社.2005
图1-14	东三省博物馆.圆明园东长春园图(M).1931
图1-18	编委会.中国著名建筑师林克明(M).北京.科学出版社.1990
图1-19，图1-20，图2-10，图2-72	卢海鸣 王雪岩.老照片 南京旧影(M).南京.南京出版社.2012
图1-22	南京工学院建筑研究所.杨廷宝建筑设计作品集(M).北京.中国建筑工业出版社.1983
图1-23，图2-127，图2-139	王建国主编.杨廷宝建筑论述与作品选集(M).北京：中国建筑工业出版社.1997
图1-24	www.ynmg.yn.gov.cn
图1-25	www.baike.baidu.com
图1-26，图1-27，图2-125	建筑工程部建筑科学研究院编.建筑十年(M).1959
图1-30	www.ivsky.com
图1-32	www.hkjy.chineseall.cn
图1-36，图2-118，图2-119，图4-25	www.nipic.com
图2-2，图2-6，图2-51，图2-79	www.en.m.wikipedia.org
图2-15，图2-39	中国建筑.1933.1(1)
图2-17	卢海鸣 杨新华 主编.南京民国建筑(M).南京.南京大学出版社.2001
图2-18	www.commons.wikimedia.org
图2-44~48，图2-50	李海清，刘军. 在探索中走向成熟——原国立中央博物院建筑缘起及相关问题之分析.华中建筑(J)，2001(6)
图2-49	南京博物院
图2-52，图2-57	上海市工务局.上海市工务局之十年.1937

* 　在正文中已标明出处的，这里不再重复。凡未标明出处的，均为作者自摄或自绘。

——编者注

图2-53，图2-58	中国建筑.1933.1(6)
图2-61，图2-62，图2-69，图2-70	中国建筑.1934.2(2)
图2-63	建筑月刊.1933.1(6)
图2-73，图2-74，图3-8~图3-10，图3-16，图3-26，图3-28，图3-29，图3-32~图3-38	韩冬青 张彤.杨廷宝建筑设计作品选(M).北京.中国建筑工业出版.2001
图2-86，图2-87	建筑月刊.1936.4(2)
图2-90	www.hi.baidu.com
图2-101，图2-102，图2-107，图2-109	www.zchqc2.xmu.edu.cn
图2-106	www.qzrz.org
图2-124	南京工学院建筑系、建筑研究所.南京工学院建筑系、建筑研究所教师设计作品选(M).南京.南京工学院出版社.1987
图2-141	www.en.academic.ru
图2-145	www.ad.ntust.edu.tw
图2-146，图2-147	www.forgemind.net
图2-148，图2-149	www.bnw.com.tw
图2-155	www.dbk2.chinabaike.org
图2-156	www.pccu.edu.tw
图3-17	《中国建筑》，1935年
图3-18	http://tupian .baike.com
图3-49	《建筑月刊》，三卷五号,1935年
图3-53，图3-54，图3-56	张开济等，北京天文馆，建筑学报1957/01期
图3-59，图3-60，图3-61	http://www.bjp.org.cn
图3-63	北京市规划管理局设计院民族饭店设计组，北京民族饭店，建筑学报1959年增1期
图3-69，图3-70，图3-71	http://tszyk.bucea.edu.cn
图4-1	上海图书馆编辑，老上海风情录（五卷），上海文化出版社，1998
图4-2，图4-3，图4-4，图4-5，图4-12	上海章明建筑事务所编著，老弄堂建业里，上海远东出版社，2009
图4-11	http://tupian.hudong.com
图4-24	http://guidebook.youtx.com
图4-28	http://www.yikuaiqu.com
图4-34，图4-35，图4-38	http://baike.baidu.com
图3-43	http://blog.163.com
图4-44	http://www.rifuxiang.cn

索　引

1. 术语索引

2．人名索引

后　记

十多年以前，首次读到汉宝德先生的《大乘的建筑观》，当时觉得似懂非懂。后来每过一段时间，都会翻出来重新读，而每次都有些新的理解。对于建筑文化的认识，其实从那时才开始。现在想来，也不奇怪。一个初出茅庐的年轻人，一栋房子也没盖过，成天只是跟图纸和书籍打交道，哪能真正理解建筑？

经过近 20 年建筑学科教师的职业生涯的磨练，方才认识到，汉先生的真知灼见是何等的精准："中国建筑在本质上是一种人生的建筑。中国建筑是以人为主的，是没有理论的人本建筑。简单地说，中国文化在这一方面一直保持其原始的、纯朴的精神，把建筑看成一种工具，一种象征。"并且，"中国人从来没有刻意地要改造建筑，造成式样的改变，却也不受建筑传统的过分约束，常适度地予以修改。因此中国建筑几千年来，就顺着中国文化的渐变而渐变，它忠实地反映了中国人的过去；知识分子怎样在世界上求心灵的安顿，统治阶级怎样展示其权力的象征，殷商巨贾如何追求生活的逸乐，都能表现在简单而几近原始的建筑空间架构上——这真是世界建筑上的奇迹。"

用这样一段话来理解"中西合璧"建筑，真是再贴切不过了。非但如此，而且大气，从容不迫。

论及本书的缘起，首先要感谢陈薇教授的信任与推荐。自博士论文选题始，陈老师就给予了关键性的支持与帮助，迄今已 15 载。怎奈学生愚钝，难有建树，惟继续努力方可回报于万一。此外，追随赵辰教授多年以来的学习和讨论，为本书的写作思想打下了坚实的理论基础。二位在学术上的睿智和气度，笔者虽不能企及，但却早已在内心深处树立了标杆。汪晓茜老师与我共享研究兴趣，并长期展开合作研究，此次她为撰写工作投入了相当多的精力；在日常研究工作中，与李华、史永高、冷天诸君的研讨使笔者获益良多，而来自赖德霖、李百浩、彭怒、彭长歆、谭刚毅、冯江等前辈、师友的长期支持则构成了本书研究的底盘。覃琳、关华、史庆超、刘菲和赵芸菲分别提供了重庆、台北、厦门以及广州等地的案例实景照片，鼎力襄助令人感动。衷心的感谢还要送给中国建筑工业出版社的张惠珍副总编辑和董苏华、戚琳琳二位编辑老师，没有张总的信任以及二位编辑老师事无巨细的勉力支撑，要想完成这件规模不大、意义不小的工作是无法想象的。

女儿、太太、老妈、岳母，家里这四个女人的体谅和支持也是没齿难忘。

本书讨论的问题是一件仍旧在发展变化中的事情，并未彻底地盖棺论定，也因此而显得颇具生机，期待着域内外读者的分享与赐教。

李海清

2014 年 7 月于金陵半山居

李海清

1970年生于安徽，工学博士，东南大学建筑学院副教授，硕士生导师。主要研究领域为中国近现代建筑技术史和绿色建筑的本土化设计策略，以及由此拓展的当代中国建筑之建造观念问题。

2004年出版专著《中国建筑现代转型》，以技术史的独特视角考察中国近现代建筑；近年致力于中国本土性现代建筑的建造模式理论研究。已发表相关论文40余篇，主持或参与完成南京萧娴纪念馆等重要实践项目30多项，多次指导本科生与研究生在国内建筑设计竞赛或作业评比中获奖。

汪晓茜

江苏扬州人，工学博士，东南大学建筑学院历史及理论研究所副教授，硕士研究生导师。主要研究方向包括：世界建筑与艺术史、中国近代建筑、建筑遗产保护更新以及可持续人居环境设计等方面。

迄今已主持和参与完成国家、省市、校院各级科研项目10余项，以及10余项遗产保护更新工程。近年来在国内最高与核心专业期刊上发表学术论文30余篇，编著书籍、教材等8部，并陆续获得国家图书奖、中国建筑图书奖和中国建筑学会建筑历史分会勒·柯布西耶奖。

作为中国建筑现代转型进程多彩拼图之底色，"中西合璧"是一种老而弥坚的建筑设计价值取向，并借助建筑活动成为一种至今仍在持续发生的文化嫁接现象，进而对当代中国建筑发生了深刻影响。

"中西合璧"建筑的历史背景极为独特，其兴起、发展与变化的过程也颇有戏剧色彩，作为一种文化遗产，其建筑艺术价值至今尚未引起足够的重视与探讨。本书将"中西合璧"建筑之学理上的形成机制加以精确分类，并运用于观察、描述具体的建筑活动，试图对中国近现代时期相关建筑文化思潮加以全景扫描和个案评介。首先通过文献综述对近世中国建筑艺术视野下的"中西合璧"现象进行梳理和归纳；之后以"中国古典式样新建筑"、"中国现代建筑"以及非专业的民间建筑为载体，对于"中西合璧"建筑加以分类和介绍，并展望"中西合璧"建筑的未来走向。

全书脉络清晰、图文并茂，适合建筑、艺术类院校作为中国建筑历史教学参考书使用，也适合对于中国建筑、中国文化感兴趣的中外人士阅读欣赏。

图书在版编目（CIP）数据

叠合与融通——近世中西合璧建筑艺术 / 李海清，汪晓茜著.
北京：中国建筑工业出版社，2013.10
（中国建筑的魅力）
ISBN 978-7-112-15838-6

Ⅰ．①叠… Ⅱ．①李… ②汪… Ⅲ．①建筑艺术－中国
Ⅳ．①TU－862

中国版本图书馆CIP数据核字(2013)第217344号

责任编辑：董苏华　张惠珍
　　　　　戚琳琳　孙立波
技术编辑：李建云　赵子宽
特约美术编辑：苗　洁
整体设计：北京锦绣东方图文设计有限公司
责任校对：姜小莲　关　健

中国建筑的魅力

叠合与融通 —— 近世中西合璧建筑艺术

李海清　汪晓茜　著

*

中国建筑工业出版社出版、发行 (北京西郊百万庄)

各地新华书店、建筑书店经销

北京锦绣东方图文设计有限公司制版

北京顺诚彩色印刷有限公司印刷

*

开本：880×1230毫米　1/16　印张：12　字数：240千字
2015年3月第一版　2015年3月第一次印刷
定价：128.00元
ISBN 978-7-112-15838-6
(24600)